湛庐 CHEERS

与最聪明的人共同进化

HERE COMES EVERYBODY

22款传奇球鞋的前世今生

黄贺/草威

著

LEGENDARY SNEAKERS

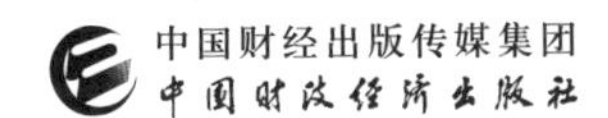
中国财经出版传媒集团
中国财政经济出版社

你了解运动鞋的传奇历史吗？

扫码鉴别正版图书
获取您的专属福利

扫码获取全部测试题及答案
看看你对运动鞋的传奇历史
了解多少

- 世界上第一款签名运动鞋上有美国篮球明星查克·泰勒的签名，这是因为查克·泰勒为匡威做出了很大的贡献，这是真的吗？（ ）

  A. 真

  B. 假

- 20 世纪 90 年代到 21 世纪初，推动球鞋文化繁荣发展的，除了音乐巨星，还有滑板运动和互联网，这是真的吗？（ ）

  A. 真

  B. 假

- Air Jordan 标识中有一个张开翅膀的篮球，这个“翅膀”的灵感来源是（ ）。

  A. 展翅的大鹏

  B. 纽约的鸽子

  C. 空姐的胸针

扫描左侧二维码查看本书更多测试题

FOREWORD
推荐序　为了保护美好而产生的焦虑，为了消除焦虑而诞生的美好

罗永浩

20 世纪 70 年代在欧美兴起的球鞋文化，从一种边缘的亚文化现象，逐渐发展演变为全球性的流行浪潮。作为 Smartisan 工作室里几个热爱球鞋设计，长期搜集、收藏球鞋成瘾的老“鞋狗”，我们对这样的变化感到非常欣喜。但与此同时，球鞋文化在高速发展的过程中似乎也渐渐变了味道：这些年我们和喜爱球鞋的朋友们交流时，经常感到球鞋文化概念里原本包含的工业设计，功能与特性，制作工艺，潮流风尚的趋势脉络和成因，以及社交与身份认同这类的丰富属性，越来越被炒到天上的价格，起哄般涌入的非爱鞋人群体和他们的投机生意经，以及随之而来的无聊炫富所侵蚀，甚至是替代。以至于很多不了解球鞋文化的人觉得，所谓的“球鞋文化”，就是“炒鞋”；所谓的“球鞋文化圈”，就是一群坏蛋在割韭菜，一群笨蛋在被割韭菜的诡异圈子。

本来有一些收藏价值和其他情感意义的特别版、限量版、签名版等，也随着各个品牌官方对民间炒鞋的默许和幕后参与，已经越来越像是绿油油的“韭菜版”了。来自江湖的恶性炒鞋风潮，甚至反过来影响到了“身居庙堂”，本该维持正派和体面经营的球鞋品牌巨头。通过人为制造没有成本、没有价值的所谓“稀缺性”（为了多快好省地“割韭菜”，很多时候出品方连外部品牌的设计合作或各个领域杰出人士的签名合作都省了，随便搞一个没有任何技术含量的不同配色就算完成了“稀缺性”），把一双工厂提货成本只有一百多块钱的球鞋，炒到几千块甚至上万块。（对，你没看错，幻灭去吧，不管什么大众品牌、小众潮牌、奢侈品大牌，不管最后官方售价是一两千块还是两三万块，不管它号称有多少“技术含量”和用了多少“创新材料”，这个星球上的每一双运动鞋，工厂提货成本几乎全都是人民币一百块左右。）

一些以前热衷于在中国普及球鞋文化的球鞋达人，现在也都在忙着炒鞋。过去，他们喜欢用短视频的形式跟自己的受众交流探讨“这些鞋是怎么来的”“它们背后有怎样的故事和意义”“中国品牌能在这些经典案例中获得什么样的启示”；现在，则变成了“这双鞋在哪儿能第一时间抢到”“要注意哪几个要素才能够抢到肯定会增值的冷门款”“如果苗头不对，用什么方法能尽快甩给小白并及时止损”。

随着这种风气愈演愈烈，我们越来越感到不安，总觉得我们有必要为我们热爱的球鞋文化做点什么。如果做得好，也许还能改变点什么。我们不希望看到球鞋文化和盛极一时的集邮文化一样，被炒买炒卖、非理性的投机钻营和无节制无底线的胡乱出品彻底毁掉……这本书就是这一焦虑背景下的产物。

在本书中，我们的工作室里对球鞋最痴迷、研究最深入的两位同事，黄贺和草威，通过叙述 22 款历史上的经典运动鞋的故事，穿针引线，穿鞋引带，尝试用他们对球鞋文化的传播热情和创作野心，系统性地还原整个现代运动鞋的发展史，给热爱球鞋文化的年轻朋友们，“严肃地”讲一讲那些改变了人类运动鞋发展进程并奇迹般地流行至今的不朽产品和伟大品牌，以及这背后的创新精神和意义。

本书中的每一个章节，分开来看，都信息完备，独立成篇；合起来读，它又是一部有深度也有广度，能够基本反映整个球鞋文化史的“准历史书”。国外的亚文化学者，在这方面著述甚丰，但在中文图书领域，这部分一直是严重缺失的。我们希望这本书能在中文球鞋文化研究领域起到引领和促进的作用，带动更多中文球鞋文化书籍的撰写和出版，以及外文球鞋文化书籍的翻译和引进。

虽然它是一本运动鞋发展变迁的“准历史书”，但两位作者极好地兼顾了趣味性和可读性，所以即使是给对球鞋并无特殊兴趣的人读，这也是非常有趣的一本书，更不要说给热爱球鞋的人看了。对那些喜欢在同好群体当中卖弄知识的“鞋狗”来说，它简直是一部球鞋文化的“装 X 圣经”。

因为篇幅和出版周期的限制，本书也有不少的缺憾。比如，历史品牌的故事中没有涉及彪马（PUMA）、锐步（Reebok）、斐乐（FILA）等。在安踏集团超越阿迪达斯成为全球第二大运动品牌巨头之际，“中国李宁”在前卫的国际时尚界大放异彩的今天，当代品牌的故事中没有涉及国产品牌和他们的优秀产品。另外，“交个朋友”参与投资和孵化了“重新加载”（复刻）和“殊途同归”（原创）这两个国产运动鞋品牌之后，在和这两支团队调研供应链的过程中，对中国的制鞋工厂乃至整个中国制造，有非常深入的了解、体会和感悟，但也没来得及把这部分内容融入到这本书中，相信这本书未来的增补版本中一定会加上这些同样精彩的故事。

受限于疫情导致的实地采访和调研的困难，本书内容大部分是由两位作者在书房中通过阅读研究海量的文献资料完成的。虽然《22 款传奇球鞋的前世今生》不是严谨的学术著作，但也把主要的参考书目和文献列表尽量完整地附在了书后，以示尊重，同时也供那些有更深入的研究或拓展阅读需求的朋友们参考。

感谢视觉中国和湛庐文化的同仁为这本书中无数珍贵历史图片的正版授权，所付出的大量心血。感谢 ABCD 平面设计工作室为本书做的装帧设计，你们是中国最好的，没有之一。

在本书近半年的写作过程中，我有幸应邀参与了每一轮的修改讨论和审稿。虽然我不是作者，甚至算不上作者之一，但是作为这本书创作的全程重度参与者，在它诞生之际，站在抱着它笑逐颜开的黄贺和草威的身后，我心中充满了隔壁老王般的复杂感受：嗯，不管它是谁的吧，我祝它前程远大，风光无限 ^_^

CONTENTS
目录

001 FOREWORD
引言　一百年走出来的传奇

005 CONVERSE CHUCK TAYLOR ALL STAR '70
匡威 All Star：帆布鞋的同义词

029 ADIDAS SUPERSTAR
阿迪达斯“贝壳头”：嘻哈御用

065 ADIDAS CAMPUS
阿迪达斯 Campus：跨世纪的时尚

075 CONVERSE ONE STAR
匡威 One Star：垃圾摇滚

091 ADIDAS STAN SMITH
阿迪达斯“小白鞋”：最熟悉的陌生人

109 ONITSUKA TIGER MEXICO 66
鬼塚虎 Mexico 66：李小龙其实没有穿过它

129 NIKE CORTEZ & ONITSUKA TIGER CORSAIR
耐克“阿甘鞋”与鬼塚虎 Corsair：耐克的独立战争

151 NIKE AIR FORCE 1
耐克 AF1：文化鼻祖的关键素质

169 NIKE AIR JORDAN 1
耐克 AJ1：球鞋文化的真正开创者

193 NIKE DUNK
耐克 Dunk：了解滑板文化

213 VANS OLD SKOOL & SLIP-ON
Vans 五兄弟：为冲浪与滑板而生

245 NEW BALANCE 990 & 574
New Balance：制造业的赞歌

294 EPILOG
结语　鞋的故事，人的诗篇

296 REFERENCES
参考文献

FOREWORD
引言　一百年走出来的传奇

今天，人类鞋子的款式早已多到无法计算。若以类别统计，款式数量排名第一的是运动鞋，这一点毋庸置疑。

在所有鞋类中，运动鞋最亲民，穿的人最多，跨越了年龄、性别、种族和阶层的鸿沟；运动鞋也最实用，不光出现在体育馆、运动场中，也存在于日常生活中的每个角落，甚至登上了“大雅之堂”。

但是大家往往忽略的一点是：运动鞋的科技含量也是最高的。运动鞋演化为技术密集型产品的进程，严格来说仅仅发生在最近这 40 多年里。

如果以最宽松的标准衡量，运动鞋最早可追溯至 19 世纪 30 年代，距今也还不到 200 年。当时，创立了英国利物浦橡胶公司的发明家约翰 · 博伊德 · 邓禄普（John Boyd Dunlop），首次将帆布鞋面与橡胶鞋底结合起来。但是，未经特殊处理的天然橡胶性能很差，仅仅适用于制作沙滩鞋。

邓禄普的美国同行查尔斯 · 古德伊尔（Charles Goodyear）在差不多 10 年后发明了硫化橡胶工艺，达成了最关键的技术突破。发明家用硫化橡胶鞋底搭配帆布，定义了最简单同时也是最原始的现代运动鞋。

相比于传统的硬鞋底，运动鞋走起路来，可以做到无声无息，便于从事不法勾当，比如从后面偷袭。于是，运动鞋无辜地得到了不法分子的青睐。英美的词典中“运动鞋”（sneaker）这个词，由此得名——“sneak”本是一个英语动词，它最基本的意思近似于汉语中“蹑手蹑脚地走”，它后面加一个表示人或物的词缀“er”，可以理解为鬼鬼祟祟者，偷偷摸摸的人。

在几乎任何行业的早期阶段，普遍存在两种现象：第一，发明家往往身兼创业者；第二，增长曲线缓慢，人们在拐点到来之前饱受煎熬。硫化橡胶诞生之时，我们现在熟知的篮球、足球、排球、羽毛球等现代体育运动都还不存在。

等到万事俱备，历史的脚步已无情地走过了半个世纪，这才开启了现代运动鞋历史上第一个星汉灿烂的年代。

1895 年，14 岁的英国少年约瑟夫 · 威廉 · 福斯特（Joseph William Foster）在父亲糖果店楼上的卧室里开始制造运动鞋，5 年后创立了与自己同名的公司，也就是锐步的前身。1906 年，一位从英国出发的爱尔兰移民在美国波士顿开始生产一款名为 New Balance 的足弓支撑器。1908 年，匡威先生以自己的姓氏（Converse）为名在美国马萨诸塞州创立了一家公司，在之后给出了帆布鞋设计的“标准答案”。

这些企业家建立起了需要多人协调分工的组织，从单打独斗的发明家手里接过了简陋的作坊运动鞋。他们的公司不仅开启了规模化生产，还对运动鞋的材料和外观设计做出了改进，最终满足了初代专业运动员在竞技场上对抓地力和足部保护的基本需求。正是在莱特兄弟发明飞机的时代，现代运动鞋行业第一次起飞了。

常有人说“脚是上帝的艺术品”。伺候这件艺术品的人可不只是发明家和创业者。贴近一线的推销员和经销商与用户朝夕相处，他们在现代运动鞋的起飞和爬升阶段都做出了巨大的贡献。一名美国印第安纳州的前篮球教练因为非常喜欢匡威帆布鞋，就转行做它的推销员，在缔造了第一款签名运动鞋的同时，普及了现代篮球运动。

第二次世界大战结束后不久，德国和日本这两个战败国孕育了 3 家知名运动鞋企业。德国的两位互相看不上眼的鞋匠兄弟分别创立了阿迪达斯（adidas）和彪马——前者创始人的儿子，在一对美国经销商兄弟的力劝下，瞒着父母做出了一款改变篮球运动的鞋子，把运动鞋世界从帆布时代引入到了皮革纪元。在日本创立的运动鞋品牌是鬼塚虎（Onitsuka Tiger），它的创始人自己就身兼推销员一职。这家日本企业的美国经销商在后来也发展成了全球最大的体育用品和体育文化帝国——耐克（Nike）。

所以，第二次世界大战后的 20 年是运动鞋历史上又一段群星璀璨的时期。此时，运动鞋行业已经安稳地飞行在平流层，行业的消费额还有企业规模越来越大，各方面都建立起了标准和规范。运动鞋变得既好看又舒服，但依然不是绝对的不可或缺。当时，穿着跑鞋的运动员在长跑后脚上一定会起水泡。就在鬼塚虎的创始人致力于解决这个难题时，1960 年奥运会马拉松赛冠军——埃塞俄比亚运动员阿比比 · 比基拉（Abebe Bikila）赤足跑完了全程，在创造了一段田径史佳话的同时，也深深刺激到了那些有追求的运动鞋从业人员。

下一波走入现代运动鞋殿堂的人物是工程师、设计师、运动员甚至还有专业足科医生。他们联合助推运动鞋行业突破大气层，达到了前所未有的境界。这就是伟大的 20 世纪 80 年代，也是运动鞋成为技术密集型产品的开端。

在这一阶段，运动医学的发展为运动鞋行业注入了人体工程学和足部运动控制的诸多概念和认知图景。从鬼塚虎发展而来的亚瑟士（Asics）发展出了缓震凝胶（GEL）技术；耐克借助一位航空航天工程师的发明，将气垫技术引入运动鞋；New Balance 则开发了 ENCAP 等专利技术。其他厂商的技术也数不胜数、各擅胜场。稳定技术和减震（或称为缓震）技术成了运动鞋科技的核心，其他诸如抗菌科技、中底科技、外底科技和鞋面材料科技也是不胜枚举。到今天，在专业运动鞋里面加入先进芯片或其他电子元件都不再是新鲜事。

从最简陋的沙滩鞋到令人惊叹的科技结晶，运动鞋走过了一段远不止是妙趣横生所能形容的历程。以上这些，仅仅是很多款运动鞋故事里的浮光掠影。每款运动鞋有着怎样的前世今生，背后又有哪些先驱者跌宕起伏的人生，都在这本书中的一个个传奇里。

CONVERSE CHUCK TAYLOR ALL STAR '70

匡威 All Star

帆布鞋的同义词

美国纽约成千上万名劳动妇女涌向街头，呼吁男女平等；紫禁城内，大清朝光绪皇帝和慈禧太后先后驾崩；毁灭昨日世界的第一次世界大战还没开打，第二次世界大战时拯救犹太人的德国企业家辛德勒则刚刚出生。

这一年是 1908 年。同样也是在这一年，一个美国商人创立了一家企业，后来生产出了世界上极具识别性的帆布运动鞋。

匡威夏天不放假

1908 年，47 岁的美国人马奎斯 · 米尔斯 · 匡威（Marquis Mills Converse）在马萨诸塞州摩尔登（Malden）创立了匡威橡胶鞋公司（Converse Rubber Shoe Co.，以下简称匡威公司）。

这家公司的主打产品是橡胶套鞋（galosh），今天的我们对这个词已经非常陌生了。套鞋是一种由橡胶制成的防水鞋具，在 19 世纪后期到 20 世纪初都很流行。在早期工业化社会里，它是人们应对泥泞、湿滑等不良路况的首选。

← 马奎斯 · 米尔斯 · 匡威（1861—1931）
↓ 套鞋本体

消费者穿套鞋时，需要把其他材质的鞋套或绑腿挂在套鞋的上面。套鞋最重要的功能就是提供了橡胶鞋底，它有着当时所有材料中最强的抓地力。

套鞋在春季、秋季，尤其是冬季热销，所以往往导致橡胶制品企业夏季开工率不足。虽然匡威公司尽可能用橡胶制造一切可能的商品，比如轮胎和狩猎用品，但季节性特征依然明显。好在东海岸的夏天是运动的季节。从 1910 年开始，匡威公司就瞄准了运动鞋市场，后续推出了反响不佳的篮球鞋和成功的网球鞋——当时，篮球是一种特别小众的运动。

发布了若干不成功的篮球鞋款后，在创业的第 9 年（1917 年），一个充满动荡的年份，匡威先生亲自参与设计的一款高性能运动鞋问世了。鞋名很土气、很直白，叫“Non-Skid”（“不打滑”）。

在篮球鞋业务上积累了一点经验的匡威先生设计出了当时世界上性能顶尖的鞋底——Non-Skid 的硫化橡胶鞋底，上面有一种菱形或者叫钻石形的花纹。这种形状让这款鞋底比当时其他鞋底的性能都要优越，从而赋予了篮球运动员在多个方向迅疾启动或骤停的可能性。

Non-Skid 的设计相当简洁。匡威公司在广告上称他们消除了所有不必要的重量，尽可能选用轻盈的材料，比如专门为运动员设计的包裹着脚踝的帆布鞋面。

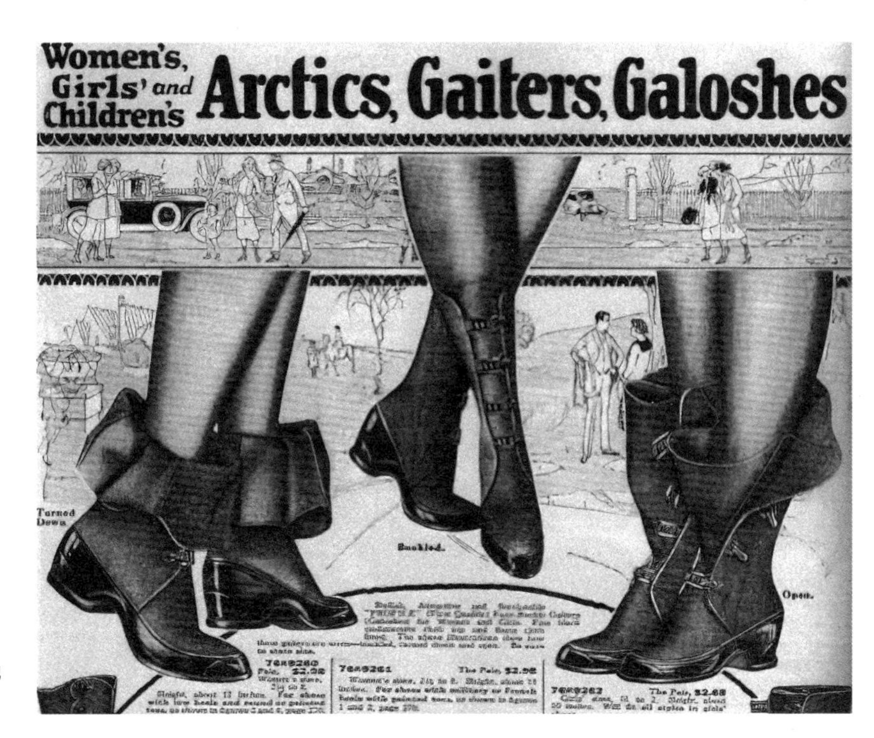

→
这张广告海报直观地体现了套鞋的穿法

研究运动鞋历史的圈子有一个共识：尽管那个年代的帆布鞋大同小异，但这款鞋因其专属篮球运动的定位和相当大的产销规模，而被视为美国甚至是全球第一款专业篮球鞋。

虽然产销规模较大，它当时也仅有“高帮、棕色、黑边”这一个单品。

仅推出这一款，匡威公司也面临着严峻的问题——出货太慢。篮球运动当时并不流行，所以篮球球员很少，而不打篮球的大众对这种鞋就更没有需求。不过作为设计师和创始人的匡威先生，并不是特别着急。因为他相信自己的判断：篮球运动很快就会普及。

篮球运动起源于 1891 年，它的发源地与匡威公司的工厂仅仅相距 160 多公里。甚至 NBA 的前身也要在几十年后的 1946 年才成立。匡威篮球鞋就出现在这么一个前不着村后不着店的时间点。

在匡威篮球鞋诞生时的美国，棒球和橄榄球才是主流运动项目。与这两项运动相比，篮球不需要大型户外运动场。容易实现的场地要求，就意味着更大的群众基础。匡威公司位于美国东海岸，这里是美国人口密度最大的地区，而且高等教育院校和高质量中学的分布也最密集。匡威先生相信，有很多年轻人在寻找新的球类运动，以释放青春活力。

他的战略眼光值得称赞，而实现这一战略，还需要优秀的执行者。

↑ 匡威公司的老照片，从照片中可以看到，他们销售的有鞋靴，还有轮胎

Converse
"Non-Skid"
The All-American Basket-Ball Shoe

"NON-SKIDS" are picked by champions. They're worn by the crack college teams.

"Non-Skids" are brothers of the famous "Big Nine," with all the Nine Big Points of supremacy—only they're specially designed for Basket Ball work.

"Non-Skids" are made on our exclusive foot-form last, which gives ample toe room, a snug fit over the instep, and proper support.

They have the two-piece quarter instead of the single piece back, which permits shaping the back seam, thus obtaining a perfect fit around the ankles.

Our scientifically designed "Non-Skid" sole of live rubber eliminates all unnecessary weight, owing to our special light gravity compound. There is no inert "ballast" in "Non-Skid" soles.

Let "Non-Skids" help *you* win! Find the shop that sells them in your town. If brown is preferred, "All Star" is the same type of shoe.

Converse "Sure Foot" (Suction Sole)

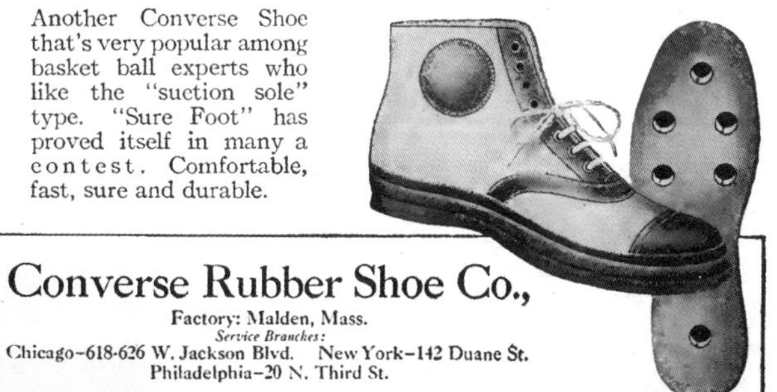

Another Converse Shoe that's very popular among basket ball experts who like the "suction sole" type. "Sure Foot" has proved itself in many a contest. Comfortable, fast, sure and durable.
Converse Rubber Shoe Co.,
Factory: Malden, Mass.
Service Branches:
Chicago–618-626 W. Jackson Blvd. New York–142 Duane St.
Philadelphia–20 N. Third St.

→ 匡威公司在报刊上打的广告。那个年代的营销风格特别直白，非常像是一个理工科男生在沿街叫卖。请注意鞋底，它和今天的 All Star 的鞋底基本没有区别

↑ 1917 年的 Non-Skid 实物。脚踝位置上是一个“C”符号，这还不是后来人们所熟知的那个图标

推销员查克 · 泰勒与 All Star

查尔斯 · 霍利斯 ·“查克”· 泰勒（Charles Hollis “Chuck” Taylor，昵称为查克 · 泰勒）是一名来自印第安纳州的篮球运动员。1919 年，刚成年的查克 · 泰勒进入职业篮球比赛。打球时，他接触到了 Non-Skid 这款鞋并且非常喜欢，还热情地推荐给了身边所有的篮球爱好者。

查克 · 泰勒实在热衷于推销这款鞋，曾径直跑到匡威公司在芝加哥的办公室参观。当时匡威公司的高管鲍勃 · 普莱茨（Bob Pletz）是狂热的体育迷，酷爱与运动员交朋友。因此，查克 · 泰勒在 1921 年结束了短暂的职业生涯，加入匡威公司，成为一名全职旅行推销员。

雇用查克 · 泰勒可能是匡威公司做过的最英明的决定。

常有传言说：查克 · 泰勒在加盟公司的第二年对 Non-Skid 做了关键改进，比如通过改良内衬增强了鞋子的灵活性，又比如重新设计脚踝处的圆形标识加入 All Star 元素——总而言之，查克 · 泰勒参与设计了著名的 All Star 运动鞋。

然而，匡威公司的历史档案管理员萨姆 · 斯莫里奇（Sam Smallidge）曾表示：公司的历史文献里没有任何证据能表明，查克 · 泰勒直接参与 All Star 运动鞋的设计和改名。如果有的话，匡威公司显然愿意大张旗鼓地宣传一番。

↑ 查克 · 泰勒，（1901.6.24—1969.6.23）

我们很难追溯匡威公司在 1922 年将产品更名为“All Star”时的具体决策过程，但无论怎么改名和调整设计，赫赫之功应当归于查克 · 泰勒。他教育了用户并培育了市场，为后面的工作夯实了基础。

查克 · 泰勒走访了全美各地的基督教青年会和高中体育馆，试图向年轻运动员和潜在买家推销这款 Non-Skid。他凭一己之力让这款鞋的销量有了起色。

查克 · 泰勒不仅是一个充满魅力的人，还是一个极佳的沟通者。他很擅长广结人脉，也对篮球运动有着深刻的了解。匡威公司负责营销的前高管，同时也是查克 · 泰勒的前同事乔 · 迪恩（Joe Dean）回忆道：

> 你不可能不喜欢他，他好像认识所有人。如果你是一个篮球教练，如果你想找工作，那就给查克·泰勒打电话。体育部门的主管在寻找教练时，会听他的意见。

查克 · 泰勒常开着一辆白色凯迪拉克去推销一箱箱的 All Star。他的行程非常满，几乎一整年住在汽车旅馆里。在走遍美国的差旅途中，他的超凡之举是，举办篮球教练培训班。

查克·泰勒通过培训，将熟练掌握篮球技能的篮球爱好者培养成教练；而面对教练时，他会开设“非正式篮球诊所”，为教练提供建议。在培训、讲座或者只是闲聊结束后，他会把教练们带到当地的体育用品经销商那里。

不用说，经销商那里一定有 All Star 备货。查克·泰勒会让所有教练订购 All Star。这一超凡的营销策略更深远的意义是：高中运动员成长为下一代职业篮球运动员时，脚上会经常穿着匡威帆布鞋。

因此，致力于球鞋文化研究的权威人士、加拿大多伦多巴塔鞋博物馆（Bata Shoe Museum）的创意总监和高级策展人伊丽莎白·塞梅尔哈克（Elizabeth Semmelhack），将匡威、查克·泰勒和篮球运动描述为美妙的共生关系。

播种者查克·泰勒与史上第一款签名鞋

查克·泰勒不仅是一名旅行推销员，而且是一名出版人。

就在 Non-Skid 更名为 All Star 的同一年，查克·泰勒策划出版了《匡威篮球年鉴》（*Converse Basketball Year Book*）杂志以弘扬篮球文化。无论是办杂志还是开培训班，目的都是让匡威成为这项朝气蓬勃的运动的代名词。

一年一期的杂志对精力充沛的查克·泰勒来说不算什么。在 1926—1927 赛季，查克·泰勒回到球场，准确地说是回到球场边，担任匡威公司球队的教练和经理——篮球运动发展的早期，很多制鞋业和橡胶业公司会建立俱乐部，相互之间组织球赛以推广篮球运动。匡威公司的球队，名字就叫“全明星”（All Star）。

旅行推销、开设培训班和讲座、办杂志、指导球队……在真正的长期主义者查克·泰勒日复一日、年复一年的耕耘下，全美各地的教练已经把 All Star 等同于篮球运动的代名词了。

1929 年，大萧条降临。运动鞋和橡胶鞋厂商的日子非常难过。经济危机的一个必然后果是：幸存的公司将统治整个行业。具体到篮球鞋制造这一领域，除了匡威公司，还能有谁呢？

同期，篮球运动在快速发展。各种技战术不断进化，球场设施也越来越完善，运动员职业化程度也越来越高。新的情况对运动鞋的设计提出了新的要求，因此 All Star 上不断有小修小补，比如外底（outsole，也可称为大底）周围增加了凹槽，外底前部也加厚了橡胶以应对磨损，但这些都不够显眼。All Star 的设计语言和 Non-Skid 问世时的差别还是不大。

1932 年，All Star 拥有了最明显的特征。在脚踝处的标识上，查克·泰勒的签名也被纳入其中。匡威造就了世界上第一款签名运动鞋。而这一设计也一直保持到了今天。

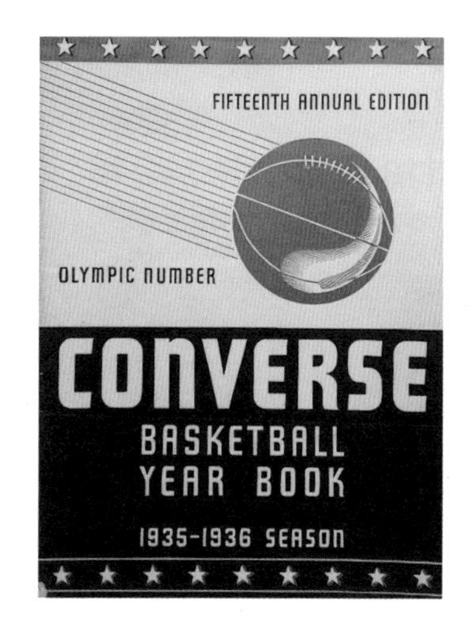

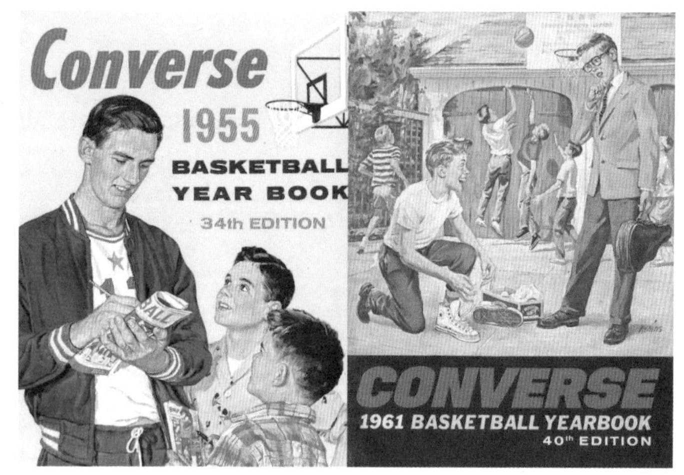

↑ 这是《匡威篮球年鉴》1936 年版的封面，那年正值柏林奥运会。封面的主色调符合美国国旗的颜色，某些匡威鞋的设计也体现了这一特点

↗ 20 世纪五六十年代，装帧更加精致的《匡威篮球年鉴》很受大众欢迎。这两期的封面是艺术家查尔斯 · 科林斯（Charles Kerins）创作的，冷战中的美国政府认为这种刊物能够反映出美国文化和生活方式的优越性，因此对刊物和封面作者予以表彰

↑ 全明星队成员的老照片。匡威对钻石形大底花纹非常自信，自信到将它用在了球衣上。球员们成了“活的广告牌”

↗ 1932 年定版的标识。签名鞋的诞生并非因为查克 · 泰勒是知名球星，而是因为他在普及篮球运动的过程中为匡威公司和篮球运动本身做出的巨大贡献

↑ 匡威公司喜迎 1929 年的世界经济寒冬。它在广告上自信地自称为“世界上最好的篮球鞋”（The World's Greatest Basketball Shoes）。广告仍然强调了鞋底的设计。脚踝处标识的样式与今日的不同，上面的字样为“Converse Athletic Shoes”（意为“匡威运动鞋”）

独霸市场

签名鞋的名字有些冗长——Chuck Taylor All Star（以下简称查克 · 泰勒 All Star），因此消费者有很多其他约定俗成的叫法，如“查克 · 泰勒 All Star”“Converse All Star”“All Star”“查克 · 泰勒”“查克”，再加上这款鞋对匡威公司特别重要，所以消费者往往也称其为“Converse”。

美国大萧条被新政终结，匡威公司收割了整个篮球鞋市场。即将召开的柏林奥运会也激起了美国人的爱国热情。

匡威公司参考美国国旗的配色，设计出一款现在依然可以买到的经典查克 · 泰勒 All Star 运动鞋，这款鞋通体白色，配以蓝色和红色的细线条装饰。这种充满爱国主义的设计大受欢迎。1936—1968 年，这款鞋一直是美国篮球队出征奥运会的官方运动鞋。

↑ 环球影业篮球队成员在麦迪逊广场花园球馆赢得比赛后的合影，这次比赛使他们获得了代表美国参加柏林奥运会的权利。图片拍摄于 1936 年 4 月 5 日。在柏林奥运会上，篮球第一次成为正式比赛项目

↑ 时隔近 90 年，很难再找到一双品相说得过去的 1936 年经典白色款原鞋了。这是一只生产于 20 世纪 40 年代的白色查克 · 泰勒 All Star，设计上相比于 1936 年款并没有什么改变

柏林奥运会后，第二次世界大战爆发了。看到代表国家的运动队选用了查克 · 泰勒 All Star 运动鞋后，美国武装力量也考虑采购这款鞋作为运动训练用鞋。国防采购决策者经过评比，认定这款鞋性能优异。上战场的军人花时间参加体育运动是闲情逸致吗？不是，参与体育训练有助于军人们在消遣放松的同时培养团队精神。

除了供应运动训练用鞋，匡威公司还投身于规模浩瀚的战时军需品生产行列中。凭着多年来在橡胶制品领域的专业技术，匡威公司生产了一系列有特殊用途的靴子、头套、护具等，为第二次世界大战盟国的最终胜利贡献了力量。

1946 年，全美篮球协会（Basketball Association of America，简称 BAA）成立。那时的篮球赛事还没有太大名气，其他国家知道的人更是寥寥无几。这一年是查克 · 泰勒签名鞋诞生 14 周年，All Star 运动鞋得名的第 24 周年，Non-Skid 问世的第 29 周年——单从这个时间线就能看出，篮球鞋市场确实是匡威公司和查克 · 泰勒努力开拓出来的。

1949 年，全美篮球协会和美国篮球联盟（National Basketball League，简称 NBL）这两个相互对抗的篮球协会合并，组成了今日的 NBA。同年，经典的黑白配色款上市。黑色的主色调搭配白色的鞋头（或者叫护趾）、鞋带和包边，这样的搭配让这款鞋比之前的单色黑色鞋款要醒目得多。与 1936 年的鞋款一样，这款鞋现在还可以买到。

匡威公司颇有孤独求败之势。1957 年，它在全美篮球鞋行业中占有 80% 的整体份额。同年，查克 · 泰勒 All Star 终于有了被大众称为“牛津鞋”的低帮款，给运动员提供了更具休闲风的选择。直到此时，欧美社会文化还是一板一眼的风格——人们不会在运动场以外的地方穿运动鞋。

→ 匡威公司生产的军用作训鞋。按照军队的采购要求去掉了商标。这个款式像不像我们很熟悉的解放军胶鞋？

↑ 这是一款近年出产的黑白配色查克 · 泰勒 All Star，和 1949 年的原始设计几乎没有区别

↑ 1957 年，低帮的起点

在那个鞋型配色相对匮乏的年代，匡威爱好者会用多姿多彩的鞋带表达个性。当时匡威鞋搭配的是有弹性的扁平状或管状鞋带，爱好者们为了满足个性化需求，有的会用“撞色”鞋带，有的会用带特殊斑点图案的。今天看这些动作有点小打小闹，但从球鞋文化考古的角度来说，这是运动鞋历史上第一次出现定制化风潮。

1962 年 3 月 2 日，在宾夕法尼亚州赫希市（Hershey）举办的一场 NBA 赛事中，费城勇士队（如今的金州勇士队）中锋威尔特 · 张伯伦（Wilt Chamberlain）拿下了 100 分。当时他就穿着一双 All Star 运动鞋。此时，这款鞋统治了 90% 的职业篮球比赛和大学篮球比赛市场。

再精彩的戏剧也有落幕的时候。

1968 年，查克 · 泰勒从匡威公司退休。他被选入篮球名人堂，以纪念他在推广篮球运动方面的不懈努力。一年后，在 68 周岁生日的前一天，他因心脏病去世。或许，对查克 · 泰勒来说最幸运的是他并未亲见匡威的失败。正是那一年，未来将彻底打垮查克 · 泰勒 All Star 的阿迪达斯 Superstar 试用款横空出世。

↑ 1959 年杂志上的广告。查克 · 泰勒 All Star 鞋底花纹始终不变，低帮款出现了，脚踝处的标识设计和今日的稍有不同

↑ 张伯伦在投篮，纽约尼克斯队的球员无力阻止他。他和身边的其他球员几乎都穿着白色的匡威高帮篮球鞋

放弃新主场：叛逆的年轻人

All Star 的过时本来是很正常的事情。20 世纪 60 年代末到 80 年代中期是运动鞋技术突飞猛进的一段时期。匡威的设计从 Non-Skid 推出时起，已经稳定了 50 年之久。在技术上怎么可能不落后呢?

匡威在相当长的一段时间内不能适应变化。匡威公司的历史档案管理员斯莫里奇讲述过一个故事：当时匡威公司的一名销售经理很疑惑，他发现负责球场和运动员业务的同事们的业绩在不断下滑，自己的业绩却在不断攀升，而他感觉自己其实什么都没做。于是，他调研了许多店面，结果发现本来主打篮球市场的匡威，在不打篮球的年轻人群体中更受欢迎，这就是他业绩增长背后的秘密。

究其根源，原因有二。第一，匡威公司在 1971 年关于配色的决策。当年匡威公司首次推出了配色丰富的帆布鞋，美国的高中和大学几乎都有校队，校队有服装也有标识，更有着专属的颜色。学校借此凝聚校友，强调身份认同。匡威鞋的丰富配色能够让学生表达他们对校队的忠诚。同时，有了这些配色，查克 · 泰勒 All Star 更加成为年轻人表达自我的工具。

↑ 1971 年杂志中的彩页广告

第二，那个年代年轻人的特质。他们的叛逆达到了载入史册的级别。他们会听谁的？同样叛逆的摇滚乐巨星。年轻人不仅会听巨星的歌，更会通过媒体中巨星们的形象，“听”他们关于衣着打扮的“话”。

查克 · 泰勒 All Star 因为有着简约的设计、舒适的体验、休闲的风格，所以很快被音乐界的大人物穿在脚上。摇滚之王猫王、朋克音乐鼻祖雷蒙斯乐队（The Ramones）、重金属音乐的代表威豹乐队（Def Leppard）和铁娘子乐队（Iron Maiden），以及迷幻摇滚的代表平克 · 弗洛伊德乐队（Pink Floyd）全都爱穿这款运动鞋。

乐迷们模仿偶像的穿着时发现，这个品牌的鞋比阿迪达斯和耐克都便宜很多。哈！真棒！

尽管有大量来自摇滚乐世界的免费曝光和追捧，但匡威公司并没有接受正在兴起的球鞋亚文化。他们固执地认为自己还是一个能够创新的、专注运动的、高性能的球鞋品牌。可惜，查克 · 泰勒 All Star 作为运动员首选鞋的日子早已一去不复返，那个时候，僵化固执的匡威公司就是无法接受自己在亚文化中崇高的地位——其实这本来是一个挺好的归宿。

→ 猫王穿着 All Star 黑白款。图为 1969 年上映的电影《修女变身》（*Change of Habit*）的拍摄现场。居中的就是猫王，左边的是女主角玛丽 · 泰勒 · 摩尔（Mary Tyler Moore）

↑ 雷蒙斯乐队也穿着 All Star 鞋款。乐队鼓手汤米 · 雷蒙（Tommy Ramone）在接受采访时说："在 20 世纪 60 年代至 70 年代，在体育馆外穿运动鞋仍然是叛逆的，这样做是反体制的。"

这种执拗意味着公司经营岌岌可危。一方面，匡威不进入潮流文化主战场；另一方面，后起之秀除了专业的运动鞋做得比匡威更好，同时还在野心勃勃地探索运动鞋成为流行文化符号的可能性。阿迪达斯在 20 世纪 70 年代用新型篮球鞋在专业市场上把匡威打得节节败退，还在 1975 年发布了一款基本上照抄查克 · 泰勒 All Star 的 Nizza，在另一个市场上继续追杀匡威。

在这两方面的夹击下，查克 · 泰勒 All Star 运动鞋的市场在 20 世纪 80 年代末到 90 年代初崩溃了。这款鞋崩溃就等于匡威崩溃，接下来匡威将要面对的是跌宕的 90 年代。

匡威研发新鞋投入很大，产出却很少；接连不断的糟糕决策挥霍着越来越少的现金储备，并让公司负债累累；企业所有权也几度易手。虽然查克 · 泰勒 All Star 运动鞋的销量有所提振，但在累计售出达到 6 亿双后的 2001 年 1 月 22 日，匡威申请破产，而这只是它多次申请破产保护中的一次而已。同年 3 月 30 日，匡威在美国的最后一个工厂关闭了，其生产业务完全转移至海外。

↑ 阿迪达斯 Nizza

耐克捡个大便宜：Chuck 70

2003 年，耐克以 3.05 亿美元收购了匡威。阿迪达斯等友商有理由因此感到恐惧——耐克不仅主宰了运动鞋市场，现在还要把一种美国经典文化符号据为己有。

这一收购同时解放了匡威，因为它已经是耐克的一部分，所以不再执着于高性能运动鞋，还获得了耐克强大销售网络的支持。在被收购的那一年，匡威的营收是 2 亿美元；到了 2015 年，耐克旗下匡威的营收达到了 20 亿美元。

2013 年，耐克推出了匡威 Chuck Taylor All Star '70。名字越来越长了，“'70” 指的是 20 世纪 70 年代。我们就按照美国市场的习惯称之为 “Chuck 70” 吧。这款鞋在经典鞋型的基础上，采用了一点新近技术，并且在风格上回归本源。

Chuck 70 和查克 · 泰勒 All Star 经典款区别并不大。只有专业的运动鞋爱好者才能把不起眼的差异分辨出来。相比于经典款，Chuck 70 的特点主要有：

- 更厚的帆布。
- 更粗的鞋带。
- 更翘的鞋头。
- 更长的鞋面走线。
- 更厚的橡胶制中底（midsole）。
- 更自然、更偏黄一点的鞋头颜色。

↑ 上为查克 · 泰勒 All Star 的鞋底，下为 Chuck 70 的鞋底

- 更贵的价格，基本在各个市场都要高出经典款价格的一半还多。
- 内底（insole，或称之为鞋垫）更换了材质，聚氨酯制成的鞋垫既能吸收冲击力，又能很好地支撑脚部，所以脚感更好。它是 All Star 系列中最舒适的一款。

Chuck 70 因其讲究的用料和舒适感在市场上非常火爆，现在销售的 All Star 鞋款，以及消费者真正想要的匡威帆布鞋，大部分都是 Chuck 70。

↑ 左为查克 · 泰勒 All Star，右为 Chuck 70
Chuck 70 脚踝处的贴片是全皮革质地的。它是一个独立的、有一定厚度的附件，上面还多了一个数字“70”，这和经典款上丝网印刷出来的较薄标识不一样，构成了 Chuck 70 在外观上与经典款的一处重大不同

↑ Chuck 70 最具分辨度的特点，在于鞋跟处的橡胶贴片和缝合线。左为查克 · 泰勒 All Star 经典款，白色底的橡胶贴片，设计元素相对简单；右为 Chuck 70，黑色底的橡胶贴片，有查克 · 泰勒的签名

深远且持久的文化影响力

对流行音乐、影视领域的人们而言，All Star 运动鞋是一款基础装备；对迈克尔 · 乔丹、丹尼斯 · 罗德曼（Dennis Rodman）等篮球巨星而言，All Star 运动鞋更是少年时期不可磨灭的记忆。罗德曼说：

> 我在得克萨斯州长大，我一直穿着 Chuck 70，直到它们坏掉……我一无所有，但我觉得穿上这双鞋我就有了些什么。

这是一款七成美国人都拥有至少一双的鞋，因此 All Star 运动鞋对政治人物而言，也是爱国与亲民的标志。有许多美国政要曾在重要场合穿过它。

All Star 因其简洁和中性的设计保有着旺盛的生命力，时至今日已累计售出超过 10 亿双。它是这个星球上销售范围最广的运动鞋。

I had nothing,
but I felt like I had
something in those shoes.

我一无所有，
但我觉得穿上这双鞋
我就有了些什么。

Dennis Rodman 丹尼斯·罗德曼

ADIDAS SUPERSTAR

阿迪达斯“贝壳头”

嘻哈御用

阿迪达斯前传：鞋钉成就的家族企业

1960 年夏天，意大利罗马举办了第 17 届夏季奥运会。

田径项目参赛者中有一位非裔美国运动员，名叫威尔玛 · 鲁道夫（Wilma Rudolph）。她得过小儿麻痹症，12 岁才学会不带腿支架或矫形鞋行走。比赛时，她穿着一双阿迪达斯钉鞋，夺得了 3 枚金牌。东道主称她为“黑羚羊”（La Gazzella Nera）。

对阿迪达斯创始人阿道夫 ·“阿迪”· 达斯勒（Adolf “Adi” Dassler）而言，这已经不是第一次见证非裔美国运动员在奥运会赛场上创造奇迹了。早在 1936 年柏林奥运会期间，阿道夫和他的哥哥鲁道夫 ·“鲁迪”· 达斯勒（Rudolf “Rudi” Dassler）就一起面对风险，力排众议，向非裔美国运动员杰西 · 欧文斯（Jesse Owens）提供了钉子田径鞋。欧文斯是现代奥运史上最伟大的运动员，有“20 世纪最佳田径运动员”之称。在赛场上，他连夺 4 枚金牌，而支持他的公司——达斯勒兄弟制鞋厂（Gebrüder Dassler Schuhfabrik）也一炮而红。

达斯勒兄弟制鞋厂于 1924 年 7 月 1 日注册成立，它不仅是第一次世界大战的退伍老兵达斯勒兄弟的事业，也是他们家族的事业。弟弟阿道夫 20 岁那年接手了父亲克里斯托夫的裁缝生意，并在母亲保琳娜经营的家族洗衣店里开始转做运动鞋。

← 威尔玛 · 鲁道夫（1940.7.23—1994.11.12），注意她鞋上的三条纹

→ 1960 年第 17 届夏季奥运会海报，洋溢着罗马帝国味道的设计，应该会让古典文明爱好者兴奋不已

JOGOS DAS XVII OLIMPIADAS

ROMA

25.VIII-11.IX

↑ 年轻时的阿道夫 ·“阿迪”· 达斯勒（1900.11.3—1978.9.6）

↗ 鲁道夫 ·“鲁迪”· 达斯勒（1898.3.26—1974.10.27）
在他的经营下，彪马的市场表现远不及阿迪达斯。鲁道夫的儿子阿敏 · 达斯勒（Armin Dassler）继承彪马后，将彪马运营成了世界知名体育用品公司

↑ 1928 年，达斯勒兄弟在位于家乡德国巴伐利亚黑措根奥拉赫（Herzogenaurach）的公司总部兼工厂前的合影。那时他们已经赚到了一些钱，因此搬到了这里。时至今日，阿迪达斯的全球总部依然坐落于这座小城中

→ 第二次世界大战前，阿道夫在达斯勒兄弟制鞋厂与制鞋设备的合影。1938 年，也就是耐克创始人菲尔·奈特（Phil Knight）出生那年，达斯勒兄弟制鞋厂售出了超过 20 万双运动鞋

1933 年，德国政治环境剧变，社会中种族主义思潮影响越来越大。考虑到这一大背景，两兄弟在柏林奥运会上给非裔美国运动员提供钉鞋这个决定可谓相当有胆识。

不过，在惨烈的第二次世界大战中，兄弟俩渐生不和。德国投降后，美军抓捕了有战犯嫌疑的哥哥，也把弟弟暂时定性为程度较轻的政治罪犯。虽然两人后来都恢复了政治和民事权利，但鲁道夫认为阿道夫在中间出卖了自己。

因此，兄弟俩分道扬镳已不可避免。1948 年，阿道夫带着 47 名员工在达斯勒兄弟制鞋厂原址，以自己的名字创立了阿迪达斯；而鲁道夫则在家乡河流的对岸建立了新品牌彪马。

阿迪达斯统治田径与足球

阿迪达斯在战前就有着庞大的销售额，在战后又统治了田径场，这要归功于阿道夫。他经常与运动员见面，邀请他们来到位于家乡的工厂试穿各种试验性的鞋子。他会仔细记录运动员们给出的反馈，并持续观察哪里可以改进，甚至做出新的发明，以满足运动员的需求。

在顶级产品经理阿道夫的努力下，20 世纪 60 年代的阿迪达斯统治着田径界。在第 17 届夏季奥运会上，近 3/4 的田径参赛者都穿着带有三条纹的运动鞋。钉子田径鞋得到了专业运动员的认可，但普通大众很难注意到他们脚上的鞋子品牌，更少有动力去拥有一双跑鞋。

相比之下，足球运动的谈资显然更为丰富，男孩子很少有不喜欢踢足球的。所以在大众文化层面，阿迪达斯品牌的国际知名度来自足球鞋，它扬名于世界杯的赛场上。

足球鞋和田径鞋有相近之处。在现代运动的早期，它们之间的专业分化度很低。甚至在很长一段时间内，阿迪达斯乃至其前身出品的田径鞋和足球鞋鞋钉的供应商都是同一家——泽列林兄弟（Gebrüder Zehlein）。这对和睦的鞋钉匠兄弟从达斯勒兄弟创业时，就为他们提供定制的手工鞋钉。兄弟俩中的弗里茨 · 泽列林（Fritz Zehlein）还是阿道夫的童年玩伴。两个玩伴的运动爱好完全一致：田径、足球、拳击、冰球和滑雪。

1949 年 8 月，阿迪达斯公司注册成立后，就把注意力集中到了足球鞋上。在业余足球运动员和球迷老板阿道夫的带领下，公司开发出了可自由拆卸的、模块化的橡胶制鞋钉。这是当时顶尖的也是最具创造性的设计。在晴朗天气和条件良好的场地中使用短钉；在下雨天和情况不佳的场地中换装长钉，以便让鞋子在泥泞中有更强的抓地力。首款应用这项鞋钉技术的鞋型是阿迪达斯 Samba。

↑ 带鞋钉的 Samba，一双创造了奇迹的运动鞋
→ 阿道夫查看运动员鞋上的鞋钉

在 1954 年世界杯总决赛上，联邦德国队再次面对实力深不可测、一路战无不胜的匈牙利队。在小组赛阶段，前者还以 3∶8 的大比分负于后者。总决赛时，天空下起了大雨。

比赛开始 8 分钟，匈牙利队以 2∶0 领先，看上去这次世界杯冠军得主已经没有悬念了。后面具体过程略去，我们只需要知道的是，这场雨天中的总决赛最终在 90 分钟内结束。穿着 Samba 长钉鞋的联邦德国队以 3∶2 逆转获胜，夺得了德国历史上第一个世界杯冠军。那一天被后人誉为“联邦德国真正诞生之日”。2003 年上映的电影《伯尔尼的奇迹》（*Das Wunder Von Bern*）专门记录了这个二度战败国重振士气的故事。

传奇故事超越一切广告，何况当时的联邦德国队教练塞普 · 赫尔贝格（Sepp Herberger）还公开赞扬阿迪达斯的产品为球队的成功做出了贡献。该品牌在联邦德国的知名度呈爆炸性增长。这双革命性的战靴在国际上顷刻间得到广泛关注。

作为创始人的阿道夫以及作为高管的妻子凯特 · 达斯勒（Käthe Dassler）认为，公司已经征服了欧洲市场、田径赛场和足球场，除了还需要巩固提升现有成果外，他们对现状很满意。

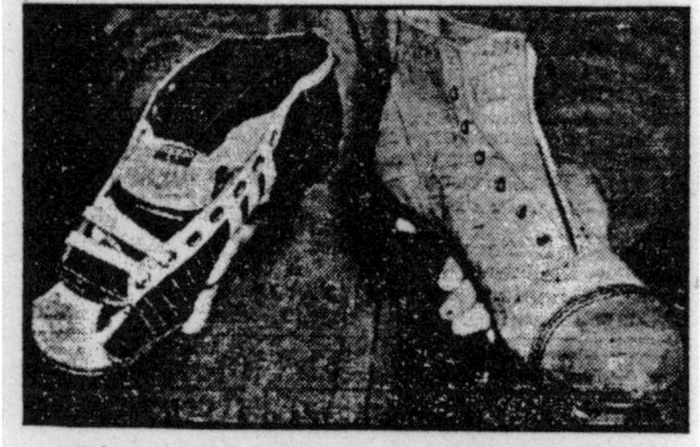
What a Dassler!

Dassler boot (left), German speciality, is only half the weight of the orthodox English football boot (right). Special features of the German boot are the screw-in studs which can be adapted to ground conditions, cut-away ankles, front lacing almost right down the front of the boot, a soft toe, and foam rubber interior. They are on sale in London, retail price 98s. The average British-made boot can be bought for 45s.

Daily Sketch, Tuesday, November 30, 1954

← 1954 年，联邦德国队夺冠后，英国报刊上阿迪达斯球鞋的销售广告，“好一双达斯勒！”（What a Dassler！）营销风格非常“直男”，因为目标客户确实就那么多，也最接受这种广告语言风格

接班人的野心

阿迪达斯为巩固提升现有成果所采取的一个举措，就是做好在大本营欧洲的工作。1959 年，阿道夫之子、时年 23 岁的霍斯特 · 达斯勒（Horst Dassler）受命去法国负责生产管理和运营业务。法国有成熟的制鞋业，并且人工成本相比于联邦德国的要便宜一些。所以霍斯特的主要任务是开设新工厂、组建管理系统，以期利润最大化。

对霍斯特来说，这个任务不难。部分原因是他能熟练地说法语和英语，而且去过很多国家，善于沟通和协调。接手了一家废弃鞋厂后，他把一切打理得井井有条。除了这一职务外，霍斯特还兼管当时规模不大的其他市场，比如美国市场。

阿迪达斯统治了欧洲市场，但在美国只有少数几家经销商。其中最成功的一家经销商也是一对兄弟经营的，霍斯特与他们比较熟悉，常往来通信。兄弟俩分别叫克利福德 · 塞文（Clifford Severn）和克里斯 · 塞文（Chris Severn）。众所周知，美国人不爱踢足球，“football” 在美语中仅指橄榄球。因此，塞文兄弟面临着销售瓶颈。克里斯思维很活跃，他看到了一个机会。

差不多是在阿迪达斯成立的时候，NBA 逐渐发展起来，其观众规模和大众普及度也越来越高。不过，匡威的帆布鞋牢牢统治着这个市场。到那时为止，这款鞋已有近 40 年的历史，但没有任何技

↑ 20 世纪 70 年代阿迪达斯法国分公司总部的外景。霍斯特还在法国创立了知名游泳运动装备品牌 arena

← 霍斯特 · 达斯勒（1936.3.12—1987.4.9）的签名照，这是他与父亲肖像的合影。对比之前鲁道夫晚年的照片，能看出阿道夫和鲁道夫的长相非常相似。辨别他们可以通过发际线——阿道夫的发际线更高

↓ 在 1965 年于芝加哥举办的全美运动品联合会展览上，年轻的霍斯特（右）和塞文兄弟的合影

术更新。克里斯在高中时就是校篮球队主力，经常穿着匡威 All Star 运动鞋打球，所以有着大量的第一手经验。他认为随着篮球运动的专业程度越来越高，比赛对抗越来越激烈，这种帆布鞋仅能为球员提供最低限度的保护，穿着这种鞋的球员脚踝和膝盖受伤的频率较高。

阿迪达斯公司有一个官方主办的体育文化网站，名为 GamePlan A，网站的编辑马特 · 沃尔特斯（Matt Walters）和阿迪达斯档案馆的工作人员、公司官方史学家桑德拉 · 特拉普（Sandra Trapp）合作，深入挖掘了很多此前不为世人所知的幕后故事，让我们得以引用大量的真实历史素材。

看到机会的克里斯在 1959 年时反复向霍斯特推销自己的想法，并在信件中这样描述匡威帆布鞋的穿着体验：

> All Star 穿起来很舒服，但当我开始高速运动，不停启动、急停并在跳跃后落地时，鞋内部就会有损耗，尤其是脚后跟总会磨出水泡。我认为一定能设计出一种更好的鞋，减少对脚部的伤害。

切身经验化为纸面文字就会显得单薄，对没有经历过的人而言尤其如此。信件无法说服霍斯特。或许是因为篮球在欧洲的普及度不够，又或许是因为当时霍斯特的注意力在别处，总之他没有重视这个提议。

对阿迪达斯而言，1960 年的第 17 届夏季奥运会不只是一场 75% 的田径运动员穿着自家产品的"阅兵式"，也不是只有穿着三条纹的威尔玛 · 鲁道夫拿下三块金牌的传奇，还有大量高水平的篮球比赛，尤其是美国队的比赛对霍斯特的触动。他被这种运动的魅力所折服。奥运会结束后，他反过来找到克里斯，说：

> 我真的认为尝试制造篮球鞋是个好主意。

不过，历史重演，这个建议又被回绝了。这次的拒绝来自霍斯特的父母，理由也出奇一致：

> 我们没有时间也没有资源浪费在篮球上，这是一种非常小众的运动。儿子，不用麻烦了。

亲子矛盾或许是推动人类进步最主要的隐秘动力之一，另一个隐秘动力可能是手足兄弟间的相爱相杀。霍斯特不满两位最高管理者保守的发展战略，他希望在更多的市场和运动种类上扩大品牌影响力。

接班人的野心在升腾。

先斩后奏，创造革命性球鞋

常识教导我们，轰轰烈烈的爱情通常是不计后果的。爱上篮球的少当家多次嘱咐让他投入篮球鞋事业的克里斯：

> 我们一定要做篮球鞋，但你一定不要告诉我的父母。

随后，克里斯领衔这款新鞋的设计工作，而霍斯特以及他领导下的阿迪达斯法国分公司提供所有保障和支持。克里斯知道，如果要说服美国篮球球员放弃爱到成为习惯的匡威 All Star，就必须做出革命性的产品。这些长达数年的研发，都是在霍斯特的父母不知道的情况下展开的。

这时是 1960 年底，4 年后下一届奥运会将要在日本东京举行。霍斯特眼中不仅有篮球鞋，还有同时在推进的、迎接东京奥运会的比赛和训练用鞋。其实在运动鞋领域，技术创新和外形设计中的核心元素至少在一家公司内是高度复用的，比如除了有用在同一运动类别上的诸多型号，跨种类运动的产品之间还会相互参考借鉴。我们会在许多著名的鞋款中不断发现这一点。

新鞋款的外形参考了几乎同时立项的 Olympiade（后更名为 Olympia）运动鞋。

→ 从这张德语海报的下方可以看出，Olympiade 运动鞋是为 1964 年东京奥运会准备的

在帆布鞋可以当作田径鞋、篮球鞋、网球鞋、训练鞋的时代，阿迪达斯决定升级材料。优质皮革质地的运动鞋，能更好地包裹和支撑运动员的脚部。其实，升级为皮革材质的不仅有 Olympiade 和新篮球鞋，同时在研发中的一系列网球鞋也基本如此。好在对于网球鞋的研发，阿迪达斯创始人夫妇是知情的。

在外形和材料之外，克里斯根据自己曾有的深切体验以及从专业篮球运动员那里总结的反馈，几乎是针对帆布鞋的每一条致命弱点，为篮球鞋设计了一些新的特性和功能。比如：

- 增大了鞋跟。如果你从新款篮球鞋的鞋跟做垂线至地面，就会发现它超出了鞋底的后缘。一个相当于“特大号”的鞋跟，能够有效防止激烈运动中脚在鞋里滑动，减少脚踝扭伤的风险。
- 鞋跟处增加了环绕式的硬质尼龙材料。球员做出拼抢或其他战术动作后，待脚落地时，这种设计能够确保鞋子的坚固性。
- 用较厚的皮垫及其他材料构成了一种前所未有的鞋舌。球员穿着篮球鞋时会把鞋带系紧，而薄薄的帆布鞋鞋舌会导致紧绷的鞋带妨碍脚部的血液循环，厚但舒适的鞋舌完美解决了这一问题。
- 重新设计了鞋底花纹。匡威当年引以为傲的钻石形花纹发展到这个时代，其抓地力已经不够了。甚至早在 1951 年，鬼塚虎就有一款帆布篮球鞋重新设计了鞋底，以改善这个备受诟病的问题。克里斯的解决方案是，在外底使用交错排列的鲱骨式图案鞋底（herringbone outsole，或称之为人字形鞋底）。为了达到最优效果，他还专门选用了抓地力强的一种特殊橡胶（也就是 Morvan Rubber）来制造。

在外形设计上，鞋的两侧有标志性的阿迪达斯三条纹。到这里，新款球鞋的基本形态已经奠定了。

在一款球鞋中集成这么多新的特性，确实具有划时代的意义。克里斯不仅在设计方面独具匠心，而且精益求精，每当有了新的鞋样，他就会拿给 NBA 球员试穿，以获取反馈。

试穿体验证明了之前的改进效果的确很好，但在高强度竞技环境中，鞋底往往很快就会出现裂痕。

在这款鞋诞生之前和之后，很多运动鞋鞋底的制造工艺就是使用化学胶水粘连。一开始新款篮球鞋鞋底的制造工艺也不例外，不过出现裂痕是克里斯不能接受的。他最终通过在鞋底（包括鞋垫、中底、大底等结构）的外缘采用缝线工艺解决了这一难题。

↑ 这是最典型的鲱骨式图案

↑ 最终的鞋底图案是这样的

1965 年，这款鞋正式发布。因为外观上大底的特殊性，所以这款秘密研发许久才公开的篮球鞋被命名为 Supergrip（意为“超级抓地”）。

篮球鞋怎么会没有高帮款？发布 Supergrip 的同时，名为“PROMODEL”的高帮款也问世了，除了高帮，其他特征都一样。

↑ 1965 年的初版 Supergrip。鞋上的创新特点有：靠后的鞋跟、白色缝线、皮革材质、三条纹。但还没出现最关键的识别特征

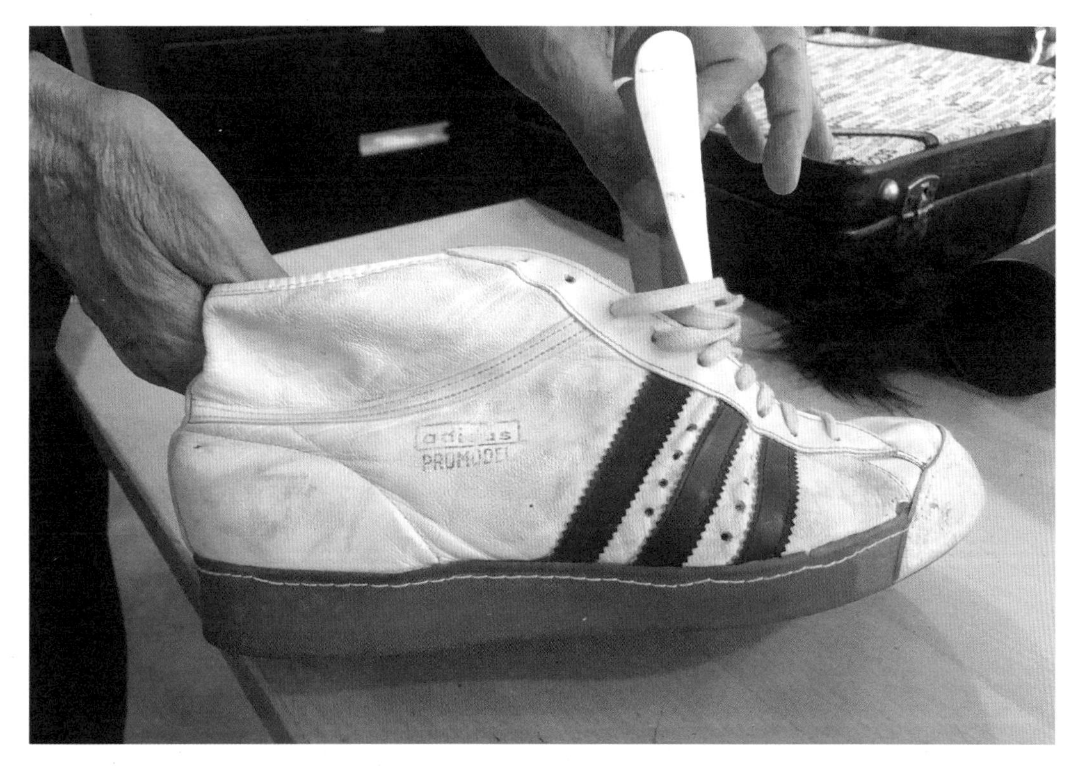

↑ 这只原版 PROMODEL 是克里斯手上的藏品

第一个吃螃蟹的队伍

在 Supergrip 发布后的几年内，市场反馈证明霍斯特的父母是对的：鞋子卖得很不好，经销商不感兴趣。

经销商确实有理由对新鞋充满怀疑，他们只知道匡威 All Star。尽管匡威没怎么给球员和教练支付过可观的费用，但仍让他们养成了相同的思维定式：我们没有理由不选大家都穿的帆布篮球鞋。面对这一窘况，克里斯干起了当年查克 · 泰勒干过的活：独自前往各地的体育馆和篮球场推销皮革篮球鞋。

克里斯在一个个现场不断向运动员们重复一句话：

> 别担心，只要试试穿着这双鞋打球，你就会明白它有多么了不起。

阿迪达斯档案馆的材料上记述了他的回忆：

> 我记得我真的让球员们脱下他们的匡威鞋，穿上 Supergrip，并亲自帮他们系好鞋带。只要我能让他们穿着这双鞋打球，就一定能把鞋卖出去。

说服普通球员或许比较容易，但是让 NBA 球星认可是另外一码事儿。克里斯用 Supergrip 说服了一个名叫约翰 · 布洛克（John Block）的职业球员。克里斯回忆道：

> 布洛克喜欢这双鞋。因为运动，他的脚有了严重的问题，就和我高中时一样。

这名职业球员刚刚被引进到圣迭戈火箭队（休斯顿火箭队的前身），而这支球队也刚刚（1967 年）加入 NBA。克里斯实现了推销的两级连跳，这并不容易。布洛克也很够朋友，他把克里斯引荐给了圣迭戈火箭队的新任教练杰克 · 麦克马洪（Jack McMahon）。克里斯后来回忆那次珍贵的会面：

> 我把鞋带给教练，他穿在脚上走来走去，说“这双鞋感觉很好，如果你想的话，我可以让你和球员们谈谈。我不会阻止你在我的队里推广这双鞋，如果他们想穿也可以”。这为我打开了大门。

↑ 1968—1969 赛季，圣迭戈火箭队的合影及签名，几乎全员穿着 Supergrip 这款鞋。布洛克身披 34 号球衣。麦克马洪穿着白色服装，这是他在圣迭戈火箭队任教的最后一个赛季（任教期 1967—1969 年）

麦克马洪是为阿迪达斯打开 NBA 大门的人，此前他也是一名 NBA 职业球员，先后效力于罗切斯特皇家队（萨克拉门托国王队的前身）和圣路易斯老鹰队（亚特兰大老鹰队的前身）。

克里斯和队里其他球员都熟悉之后，觉得胜券在握。在篮球运动最发达的国家中，当一流赛事的职业球员穿上这双鞋后，剩下的一切几乎都可以交给时间了。然而，前往观看正式赛季前表演赛的克里斯发现，球场上没有一个人穿着他们推出的新款鞋。

> 我想：哦，天哪！他们不打算穿我的鞋。他们真的更喜欢匡威，我们就是无法让顶级球员穿上这双鞋。

挫败感非常强的克里斯在赛后询问球员，为什么不穿他反复推荐的 Supergrip。球员的反馈让他心里着实一暖：这双鞋非常好，我们想确保整个正式赛季都穿着它，我们不想把它穿坏。

These shoes are so good that we want to make sure we have them for the full season. We didn't want to wear them out.

这双鞋非常好，
我们想确保整个正式赛季
都穿着它。
我们不想把它穿坏。

正式赛季开始，揭幕战上，圣迭戈火箭队全员穿着 Supergrip 登上了硬木球场。

按照传奇与文学的写法，现在就到了“初次打入 NBA 的球队脚蹬革命性球鞋夺冠”诸如此类剧情的时刻。

然而现实是残酷的，这是一支在 1967—1968 赛季 15 胜 67 败，全联盟排名倒数第一的球队。不过，这并不重要。他们为 Supergrip 的进一步曝光提供了珍贵的跳板。克里斯回忆道：

> 当各支球队来到加利福尼亚州与圣迭戈火箭队比赛时，我就会与他们见面，和他们慢慢熟悉起来。我会拿到他们的脚部尺码，订购相应的 Supergrip，之后亲自给各个球员穿上这些鞋子。

如此具有进攻性的推销策略确实会有回报。与此同时，匡威公司意识到了威胁来临，并迅速做出反应，他们付钱给仍穿着匡威 All Star 的队伍，让他们继续保持忠诚。不过，越来越多的球员尝试了 Supergrip，之后就再也脱不下了。下一个赛季，也就是 1968—1969 赛季，波士顿凯尔特人队也穿上了 Supergrip，他们赢得了总冠军。

趴在鞋头上的贝壳

波士顿凯尔特人队夺冠的 1969 年，对阿迪达斯新款篮球鞋而言是个里程碑式的年份。

这款鞋发布 4 年了，其间根据来自真实赛场上的反馈，这双鞋有一些微不足道的小修小补，但这一年它有了一个关键的视觉特性。因为赛场上的球员们反馈：新鞋的鞋面前端在长期使用后磨损较快。为了解决这个问题，阿迪达斯将以橡胶为基础的材料覆盖在了鞋头上。

新鞋在 1969 年发放给一些篮球运动员试用，反响很好。到此为止，一切定型。

1970 年，升级后的产品正式发布。考虑到两个因素，即前身名为 Supergrip 以及之前最大的对手叫 All Star，所以新款产品就起了一个更响亮的名字：Superstar。由于橡胶鞋头实在引人注目，所以 Superstar 从那时起也被称为贝壳头（Shell Toes）或贝壳鞋（Shell Shoes）。

阿迪达斯用 Superstar 摧垮了匡威的 All Star。在 1962 年，All Star 统治了 90% 的市场，而现在，不仅总冠军穿着阿迪达斯的鞋，而且美国大约 85% 的职业篮球运动员都叛逃到了阿迪达斯阵营——由 Superstar、Supergrip 或 PROMODEL 等产品构成的篮球鞋家族。事实上，Superstar 不仅摧垮了 All Star，更摧垮了匡威。匡威在 20 世纪 70 年代的大部分时间里都面临着资金和经营问题。

阿迪达斯可是在完全没有任何赞助协议的情况下取得这些成就的。秘密研发终于结出了硕果，阿迪达斯不仅主宰了篮球鞋市场，而且与篮球有关的业务在 70 年代初占据了公司整体销售额的 10%。

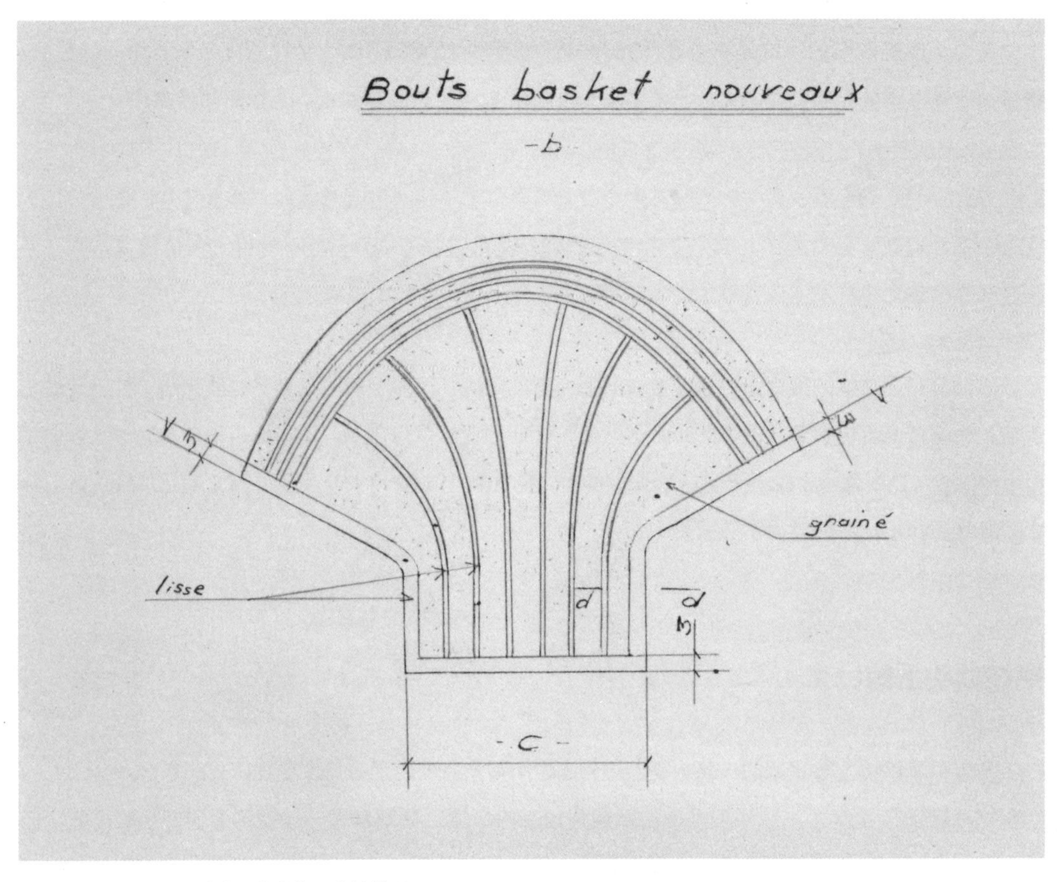

↑ 这是当年的原始设计稿，非常像贝壳的样子

巨星配巨星

打江山易，守江山难。虽然 Superstar 的特性被很多厂商抄来抄去，各种仿冒品层出不穷，但没有任何一个能与之比肩。

为了加强受众的品牌认知，立下汗马功劳的设计师兼推销员克里斯，这次又瞄准了营销。他再次找到霍斯特，建议霍斯特签下一名篮球巨星来代言 Superstar。1976 年，阿迪达斯与当时的篮球巨星、绰号“天钩”的卡里姆 · 阿卜杜勒 – 贾巴尔（Kareem Abdul-Jabbar）签订了代言合同。

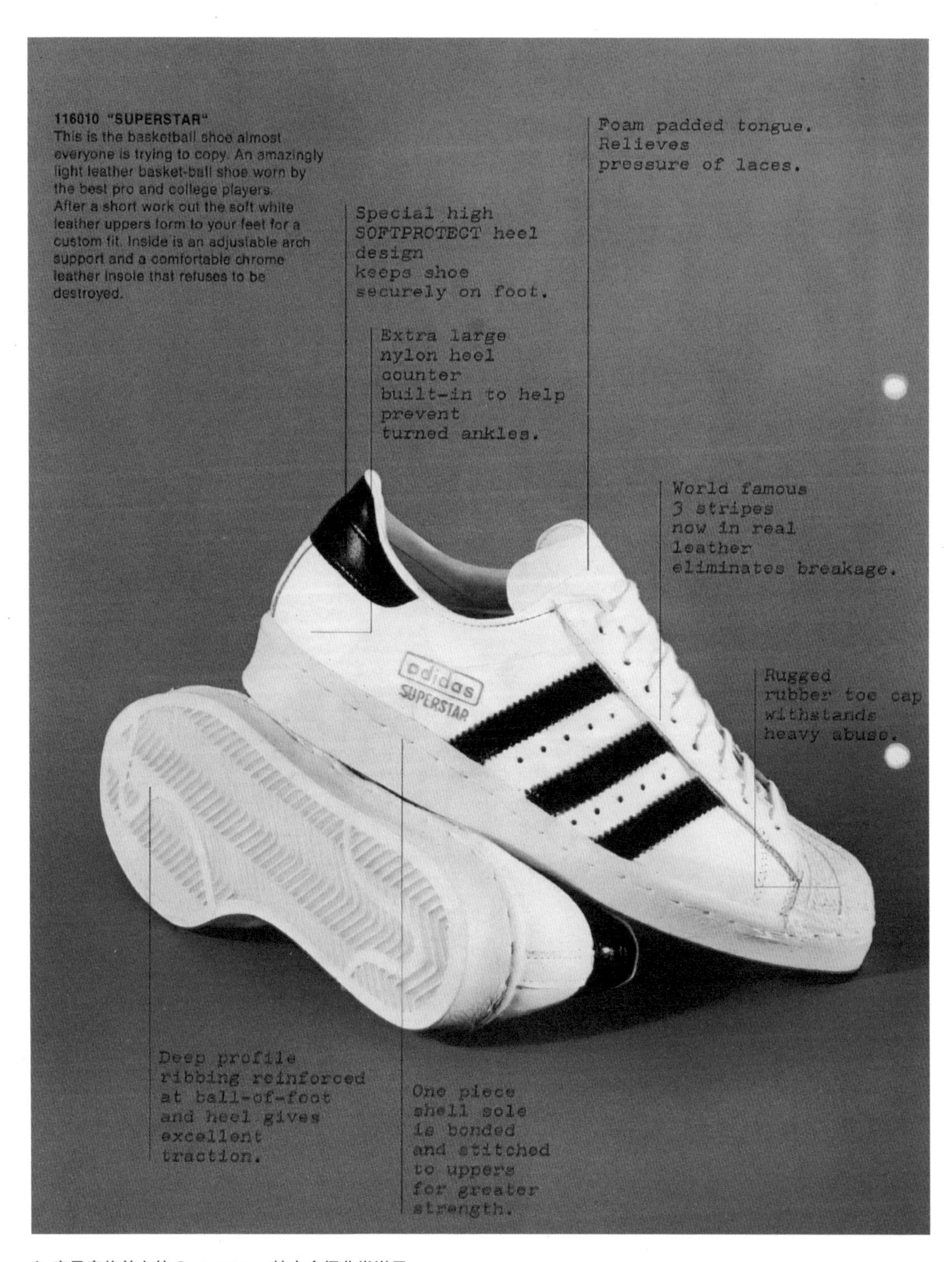

116010 "SUPERSTAR"
This is the basketball shoe almost everyone is trying to copy. An amazingly light leather basket-ball shoe worn by the best pro and college players. After a short work out the soft white leather uppers form to your feet for a custom fit. Inside is an adjustable arch support and a comfortable chrome leather insole that refuses to be destroyed.
Foam padded tongue. Relieves pressure of laces.
Special high SOFTPROTECT heel design keeps shoe securely on foot.
Extra large nylon heel counter built-in to help prevent turned ankles.
World famous 3 stripes now in real leather eliminates breakage.
adidas
SUPERSTAR
Rugged rubber toe cap withstands heavy abuse.
Deep profile ribbing reinforced at ball-of-foot and heel gives excellent traction.
One piece shell sole is bonded and stitched to uppers for greater strength.

↑ 产品宣传单上的 Superstar，特点介绍非常详尽

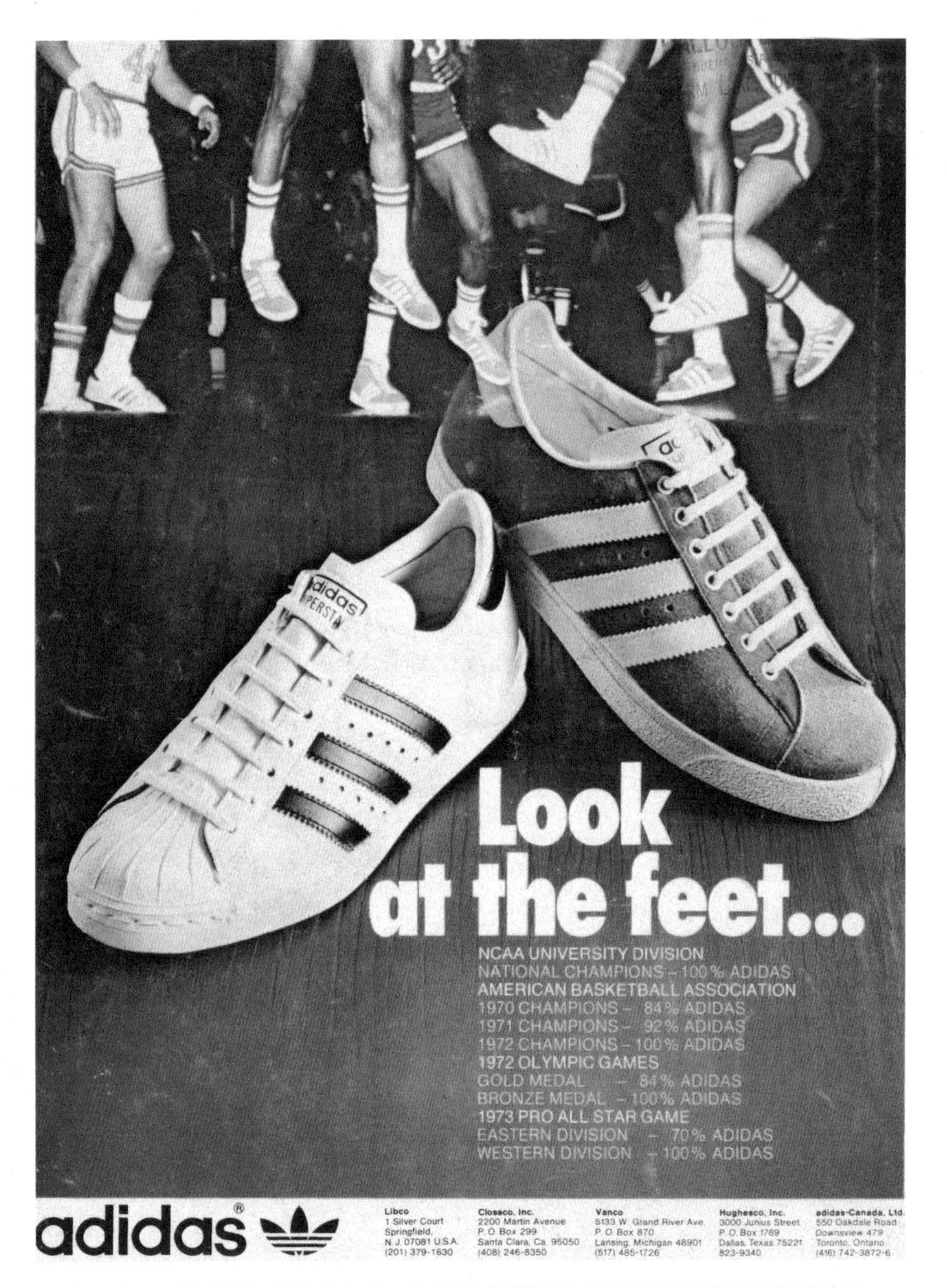

Look
at the feet...
NCAA UNIVERSITY DIVISION
NATIONAL CHAMPIONS – 100% ADIDAS
AMERICAN BASKETBALL ASSOCIATION
1970 CHAMPIONS – 84% ADIDAS
1971 CHAMPIONS – 92% ADIDAS
1972 CHAMPIONS – 100% ADIDAS
1972 OLYMPIC GAMES
GOLD MEDAL – 84% ADIDAS
BRONZE MEDAL – 100% ADIDAS
1973 PRO ALL STAR GAME
EASTERN DIVISION – 70% ADIDAS
WESTERN DIVISION – 100% ADIDAS
adidas®
Libco
1 Silver Court
Springfield,
N.J. 07081 U.S.A.
(201) 379-1630
Clossco, Inc.
2200 Martin Avenue
P.O. Box 299
Santa Clara, Ca. 95050
(408) 246-8350
Vanco
5133 W. Grand River Ave.
P.O. Box 870
Lansing, Michigan 48901
(517) 485-1726
Hughesco, Inc.
3000 Junius Street
P.O. Box 1769
Dallas, Texas 75221
823-9340
adidas-Canada, Ltd.
550 Oakdale Road
Downsview 479
Toronto, Ontario
(416) 742-3872-6

↑ 贝壳头和拥有类似设计的其他篮球鞋有多种配色。这些多姿多彩的运动鞋是阿迪达斯占领硬木球场的功臣

→ 阿迪达斯做了一张嘲讽仿冒品和抄袭者的广告海报，相当有趣。值得一提的是，阿迪达斯也曾用过广告语“一直被模仿，从未被超越”（Often imitated, Never duplicated）。这是 1927 年美国一家主要生产婚戒的珠宝制造商特劳博制造公司（Traub Manufacturing Company）为其婚戒“橙花”（Orange Blossom）构思出来的广告语

TELL THE TRUTH
Look at my heel patch
I've got 4 stripes
I'm only a little bit heavier than adidas.
I've got 3 stripes also
I've got 2 stripes
Which Basketball Shoe is really the best?
"Everyone has his own opinion. But here are some interesting facts. Almost every basketball shoe manufacturer has tried to come up with their own version of an adidas basketball shoe. Some of them were almost exact copies (on the surface) while others "borrowed" various technical features.
Evidently we must have come up with something good".
adidas
Libco
78 Diamond Road
Springfield, N. J. 07081
(201) 379-1630
Clossco, Inc.
365 Reed Street,
P. O. Box 299
Santa Clara, Calif. 95050
(408) 246-8350
Van Dervoort's
1515 N. Grand River Ave.
P. O. Box 89
Lansing, Michigan 48901
(517) 485-9415
Hughesco, Inc.
5602 Dyer Street
Dallas, Texas 75206
(214) 363-7404
adidas-Canada, Ltd.
550 Oakdale Road
Downsview 479
Toronto
(416) 742-3872-6

贾巴尔是阿迪达斯的第一个篮球鞋代言人。代言了包括阿迪达斯麾下所有篮球鞋，而不仅仅是Superstar 这一款。阿迪达斯还为他设计并推出了一款签名鞋。

这份合同为期 4 年，每年 2.5 万美元，总计 10 万美元，看上去价值不高，但在当时是破纪录的。请不要忘了，这是 40 多年前，与现在这个时代不一样。

虽说特定的技术创新总有一天会被更新的所超越，但 20 世纪 70 年代毫无疑问是阿迪达斯的时代。在签下贾巴尔的 2 年后，见证了儿子青出于蓝而胜于蓝的阿道夫，离开了这个世界。他和哥哥自决裂后至死不再往来，而且死后也没有安葬在彼此附近。

阿道夫去世后，凯特成为阿迪达斯的董事长，长期在海外市场打拼的霍斯特也回到德国，进入了总部的高管行列。

见证儿子接受银质奖章后，凯特于当年（1984 年）最后一天去世，霍斯特继任董事长。可惜 20 世纪 80 年代是耐克的时代，阿迪达斯流年不利，几乎彻底丢掉篮球鞋市场，它在美国的销售额下降到不足耐克的 1/3。霍斯特发起的多项改革未能在短短 3 年时间内奏效，他也于 1987 年因癌症与世长辞。

← 这张海报左下角的鞋子图片，就是极为接近贝壳头的贾巴尔签名鞋

↑ 1978 年，已逝世的阿道夫作为唯一一个非美籍人士入选美国体育运动品行业名人堂。其遗孀凯特和儿子霍斯特来领取这一荣誉

↑ 1984 年春，国际奥委会主席胡安 · 安东尼奥 · 萨马兰奇（Juan Antonio Samaranch）授予霍斯特银质奥林匹克奖章，以表彰霍斯特为体育事业所做的贡献

↗ 受勋仪式，戴着勋章的霍斯特和公司董事长凯特站在阿道夫的照片前拍了一张合影

嘻哈音乐的起点

虽然 20 世纪 80 年代的阿迪达斯输掉了专业篮球鞋市场，但是贝壳头的故事远未终结。这双鞋在篮球场外找到了或许更加伟大的使命。

80 年代，已经存在一段时间的嘻哈音乐亚文化正在快速发展。1985 年，美国 45 位歌星发起了“美国援非”慈善活动，他们一起唱着由迈克尔 · 杰克逊和莱昂纳尔 · 里奇（Lionel Richie）共同谱写的《天下一家》（*We Are the World*），为非洲筹集善款。

参与这场特殊的音乐会的唯一一个嘻哈音乐说唱团体是Run DMC。他们曾是第一个登上《滚石》杂志封面的团体，也是第一个被提名格莱美奖的团体，还是第一个因销量拿下金唱片的嘻哈团体。他们不仅颇受人们欢迎，而且是把嘻哈推向主流的功臣。

在时尚方面，他们的“第一”成就更为重要。此前的著名嘻哈明星都爱穿皮夹克，像高端、时髦的摇滚乐队一样，比如闪耀大师与狂暴五人（Grandmaster Flash and the Furious Five）。他们的服装更接近舞台装，绝不是大众的日常装扮。

Run DMC 穿得就像你的邻居，最多是那种打扮稍微夸张一点的邻居，他们从头到脚都是阿迪达斯，尤其对贝壳头爱到发昏。

他们的崛起引发了一股时尚热潮，粉丝纷纷效仿。受限于当时音乐播放设备的技术水平，纽约街头常有手提便携式立体声系统（Boombox）、脚穿阿迪达斯鞋的年轻人引领着潮流。

→ Run DMC 是来自纽约的嘻哈组合。由说唱歌手“Run”约瑟夫 · 西蒙斯（Joseph Simmons，左）、“DMC”达里尔 · 麦丹尼尔斯（Darryl McDaniels，中）和 DJ“Jam Master Jay”杰伊 · 米泽尔（Jay Mizell，右）于1981 年组成。这张合影拍摄于 1985 年 5 月帝国大厦前。他们不仅穿着 Superstar ，而且穿着标志性的运动服。在穿贝壳头或其他阿迪达斯运动鞋时，他们不系鞋带并把鞋舌鼓出来。这种穿法即使不是他们最早设计的，也是由他们推而广之的

RUN
DMC
KING OF ROCK

↑ 这些年轻人穿的都是阿迪达斯的鞋，但还没有洒脱到不系鞋带

1986 年，Run DMC 推出了他们开创性的第三张专辑《地狱直逼》(*Raising Hell*)，并在麦迪逊花园广场进行了演出。这张专辑里有首歌叫:《我的阿迪达斯》(*My adidas*)。为什么会有这首歌？Run DMC 的官方解释是：

> 在我们的住处附近有一个医生名叫迪斯，他就像个社会活动家……他说那些穿着 Lee 牛仔裤，戴着坎戈尔袋鼠（Kangol）帽子和金链子，穿着没鞋带的阿迪达斯鞋的孩子和年轻人，是暴徒、罪犯和社区里的下等人。

正是他们对刻板印象的反叛催生了这首歌，而这首歌促使阿迪达斯与 Run DMC 有了直接接触。其实阿迪达斯已经注意到贝壳头在纽约乃至东海岸“不正常”的销量上升，最早得到这一汇报的高管安杰洛 · 阿纳斯塔西奥（Angelo Anastasio）正好受到 Run DMC 当时的经纪人莱尔 · 科恩（Lyor Cohen）的邀请，来观看在麦迪逊花园广场的演出。

↑ 从图中很容易看出哪位是经纪人莱尔 · 科恩（下）

阿迪达斯的拉丁裔高管阿纳斯塔西奥见证了嘻哈巨星的力量。他看到几乎每一个在场的歌迷都从头到脚穿着阿迪达斯。但这还不够，他接下来见证了历史。

根据专注于男性时尚领域的自由撰稿人史蒂芬·阿尔贝蒂尼（Stephen Albertini）考证出的史实，当时的情况是这样的——Run 在演出时动员观众："把阿迪达斯从你们的脚上脱掉！然后举起来！在这里的每个人，如果你穿了阿迪达斯，就举起来！"可能有 4 万人举起了运动鞋，刚知道 Run DMC 这个名字还不超过 48 小时的阿纳斯塔西奥在后台深感震撼，他喃喃自语道："哦，天哪，这一幕是真的。"

这名阿迪达斯高管飞回了德国总部。很快，这家体育用品公司和一个还没进入主流文化的非体育团体签订了数额巨大的代言合同，并为他们专门推出了代言服装。这次合作在 Run DMC 次年的全球巡演中得到了加强，他们标志性的黑色阿迪达斯运动服、金色大链子和没有鞋带的 Superstar 鞋给全球乐迷留下了深刻印象。

阿迪达斯做出了精明的商业决定，在嘻哈文化萌芽时提前卡位。阿迪达斯判断出这一亚文化流派会发展成熟，其受众也绝非街头流氓，而是一个朝气蓬勃的庞大群体。Run DMC 对合作的看法是：

> 我们认为与阿迪达斯的关系使我们的嘻哈文化"合法化"。因为在合作之前，人们说这只是短暂的狂热，说唱只是一时的风尚，它是消极的、不好的，没有人会喜欢它。但是我们与阿迪达斯的关系使我们"合法化"。

↑ 阿迪达斯的高管见证了嘻哈音乐巨星动员乐迷脱下 Superstar 的力量

流行文化

20 世纪 90 年代到 21 世纪初，这个时代里推动球鞋文化繁荣发展的，除了音乐巨星，还有滑板运动和互联网。我们会在其他著名运动鞋的发展中进一步了解这些动力。Superstar 广受知名滑手的喜爱，其标志性的贝壳头是滑板运动的不二之选，其大底良好的抓地力、贝壳头的超长使用寿命和保护性给滑手们带来了很大益处。

或许这些推动力量本就是孪生的、相互促进的关系，所以它们与现代街头服饰文化同频共进。现代街头服饰热潮的最主要发源地在日本，引领潮流的服装设计师、音乐监制藤原浩将运动鞋作为一种身份象征和收藏品。他的门徒 Nigo（本名：长尾智明）创办了 A Bathing Ape（简称 Bape，正式名称为 A Bathing Ape in Lukewarm Water，即“生活安逸的猿人”之意）。

2003 年，Nigo 利用贝壳头的鞋型，推出了一款印有迷彩的浅黄底 Super Ape Star，并引起了巨大的轰动，它至今仍然备受追捧。Bape 也与阿迪达斯合作至今。

↑ Nigo 的再创造赋予了贝壳头新的生命，鞋舌上有知名的 Bape 标识

最受欢迎的原厂款型正是最初由霍斯特建设的法国工厂所制造的。这款贝壳头以白色为基础，在鞋舌和侧面上有金色和黑色的标志，我们不妨称之为“黑金款”。早年的黑金款是运动鞋收藏界的一大热门。

除了经典款，贝壳头能够与时间抗衡的一大原因在于其个性化。

从 Supergrip 问世开始计算，57 年来，贝壳头几乎已经拥有人们能想象到的各种配色，再加上阿迪达斯无数次与艺术家和设计师的合作，这些因素留给了人们充分的选择空间。除了鞋身的颜色，消费者还可以选择不同大小和颜色的鞋带，或者像 Run DMC 那样没有鞋带，或者跳过一些鞋带孔洞来系鞋带。一言以蔽之，阿迪达斯的贝壳头是一张洁白的画布，可供人们根据自己的品位定制。

↑ 在全球各大城市，阿迪达斯旗舰店的柜台中都陈列着这款贝壳头鞋以及另外一款传奇网球鞋

球鞋亚文化的起源：绝境中的希望与规范

人们常常提到亚文化，比如汉服亚文化、二次元亚文化，但亚文化究竟是什么意思？

亚文化，是指一种局部的、非主流的文化，具有多元的特点。有些亚文化成员所形成的共同体，在某些方面与主流文化背道而驰，他们甚至会主动追求一种边缘性地位。

想要上进的人，该怎样救赎自己

球鞋文化研究者有一个共识：球鞋亚文化明确起源于 20 世纪 70 年代的美国纽约，并且诞生在非裔美国人社区的音乐场景之中。球鞋亚文化是一种典型的平民阶层现象。

那个时候黑人聚居的纽约布朗克斯区（The Bronx）南部是贫民窟，那里的黑人生活水平严重恶化。艰辛的生活压迫着他们。流浪汉越来越多，他们在废弃的墙壁上画下记号，宣称是自己的领地，并在一切公共设施上喷涂自己的符号。抢劫、杀人等犯罪事件也层出不穷。

在这样一个社会、政治、经济进入螺旋下行状态的时候，处于无望甚至奋斗也无结果的环境下，依然想要上进的人，该怎样救赎自己？

答案是嘻哈音乐。

它给了非裔美国人社区一种另类但令人兴奋的生活方式，它与主流白人文化，也就是精英文化及其延伸出来的大众文化截然不同。

嘻哈文化有四大元素，分别是：涂鸦、街舞、DJ 和说唱。每一种都是可以无限精进的技艺，也是强烈的自我表达方式。

很明显，非裔美国青少年通过嘻哈文化表达了自身对美国政府和一切社会建制的沮丧、愤怒和幻灭感。这是一种重要的情绪出口。

不过，人们未曾预料到的是，嘻哈文化作为一种形式和内容，成了人们组织起来，构成新的社会关系的工具。

↑ 1979 年，孩子们在南布朗克斯的建筑物废墟中玩耍

我们每个人都渴望在接受教育和事业成就方面获得认可、关注和尊重。所以，当布朗克斯区南部的非裔美国人在极度糟糕的生存环境中不能如此时，整体创造和参与嘻哈音乐就成为打造高学历和好履历的精确替代品。

没有谁会比在绝境中的人更希望体验到认可、关注和尊重了，那是一种积极的精神食粮，能够鼓舞一个人跳脱出困境，走向阳光明媚的生活。所以，创造嘻哈亚文化成了他们在面对地位挫折时的一种反应，而因特殊的外在符号受到关注，总比走向反社会要好上无数倍。在这种浓厚的嘻哈文化氛围下，非裔美国青少年创造了属于自己的审美标准和“社会规范”。

认同的符号

规范是一个好东西。城镇化高速发展时期，人们获得空前的自由后，通常会产生更多的孤独感。当接触到大量不同的价值观、态度和规范时，我们常常无所适从。最严重的时候，社会中还会充斥混乱和无序。法国社会学家埃米尔 · 涂尔干（Émile Durkheim）就把上述现象称为“失范”（anomie），字面意思就是没有规范。

人其实是一种非常遵守规范的生物。规范或者说规则给生活带来了结构，而遵从这一结构意味着心智或人格的稳定。当现代生活带来了涂尔干所说的“失范”状态后，面对多种规范的年轻人，虽然很可能在人生的这一阶段反抗主流规范，但亚文化的存在给了他们遵从另类规范的机会。

这样来看，无论是前面提到的嘻哈亚文化，还是球鞋亚文化，都是个好东西，它们提供了可贵的规范。亚文化让身处其中的成员们知道该做什么、不该做什么、如何表现等。

存在可以遵循的规范也能让人们体验到真真切切的归属感。涂尔干曾指出，体验归属感是人类的一种基本需求。人类通过群体关联来定义自己，所以会努力融入一个群体、社区、文化或社会，以感受到自己被接纳，那是一种重要的幸福感。

几乎每一个球鞋爱好者都经历过“对暗号”的体验。在人们汇聚的场所，比如购物中心、医院、健身房，甚至电梯，球鞋爱好者往往都会注意到别人脚上的鞋，他们低头一看就知道对方是不是一个像他一样爱鞋的人。如果对方也爱鞋，那对方就能通过鞋子看出他们都一样。

这个过程不需要任何语言沟通，他们只是看着鞋子就有一种无声的交流，并且会体验到同属于一个圈层的结合感。这种结合感对于非爱好者来说是难以感知到的。这个圈层是一个具体的“微型社会”，决定了成员们的穿着方式。

松垮下垂的牛仔裤、运动裤和带有巨大符号的超大 T 恤，还有球鞋，都是球鞋亚文化诞生时经典造型的一部分，这样的组合拥有真正的独创性。甫一诞生，毫无疑问就与主流社会的高级礼服和定制西装拉开了距离。正是因为主动抗拒主流，嘻哈装束尤其是运动鞋，比如 Run DMC 脚上的 Superstar，就成了一种认同的符号。

→ 埃米尔 · 涂尔干（1858.4.15—1917.11.15），社会学奠基人之一

ADIDAS
CAMPUS

阿迪达斯 Campus

跨世纪的时尚

有一款阿迪达斯篮球鞋，从来没有像它的兄弟 Supergrip 或 Superstar 那样处于聚光灯下。它几乎全靠一支嘻哈乐队的偏爱才引起人们的注意，而且历经多次更名、停产，直到近些年才复兴。

它就是阿迪达斯 Campus。

血脉相承

研发于 20 世纪 60 年代早期的 Supergrip 身上凝聚了太多的创新和资金投入。制鞋业喜欢物尽其用，尤其是在 1970 年这个时间点，当时增加了贝壳头特征的 Superstar 正式发布，原版鞋型 Supergrip 已经席卷市场，进一步挖掘这个皮质篮球鞋系列的潜能，自然是性价比很高的选择。

在材料方面，光滑的粒面革已经被使用过了，倒退到帆布材质不大可能。在保持已有性能的情况下，绒面革（suede，或称麂皮、司伟革、翻毛）自然是可选项。这种皮革材料只经磨绒和染色，不加涂饰，绒毛细致均匀，没有粒面革可能会出现的油腻感，只是不太容易保养，也不太适应高强度的运动场景。绒面革因独特的质感而拥有不少拥趸。

↘ 1971 年原款 Tournament，可以看出鞋底缝线、没有贝壳头等特征与 Supergrip 一脉相承

↑ Tournament 的广告海报

于是在 1971 年，Supergrip 的“换皮”版发布了，名为“Tournament”，意为“锦标赛”。

这当然还是一款篮球鞋。1976 年，贾巴尔与阿迪达斯正式签约后也代言了这款拥有一些休闲特质的运动鞋。

在 20 世纪 70 年代的大部分时间里，这款鞋的闪光点被遮蔽在其兄长 Superstar 耀眼的光芒下。多姿多彩的配色，给了阿迪达斯将其改名以促进销售的动力，Tournament 被改为 Greenstar、Blackstar、Redstar、Yellowstar 这样成系列的名字。

80 年代来临之际，阿迪达斯已经注意到，这款绒面革运动鞋在高中生和大学生群体中的销售情况比赛事市场的更稳定。于是这款鞋再度更名为 Campus（意为校园）。与此同时，这些年耐克突飞猛进，阿迪达斯则陷入困境。水面之下，影响这款鞋命运的文化运动正在开展。

乐队的偏爱

Run DMC 热爱贝壳头，而另一个组合执着地喜欢 Campus。他们来自纽约，是一支风格从朋克转为嘻哈的团体：野兽男孩（Beastie Boys）。他们是活跃时间最长的嘻哈团体之一，2012 年进入了摇滚名人堂。

野兽男孩的创始成员有三人，分别是：贝斯手亚当·纳撒尼尔·约赫（Adam Nathaniel Yauch，艺名 MCA），主唱迈克尔·路易斯·戴蒙德（Michael Louis Diamond，艺名 Mike D），吉他手约翰·贝瑞（John Berry），不过他在 1982 年脱团，其位置马上被亚当·基夫·霍罗维茨（Adam Keefe Horovitz，艺名 Ad-Rock）继承。

1986 年发布专辑《作恶执照》（*Licensed to Ill*）后，野兽男孩的知名度彻底打开。此时的三位成员都有犹太血统。与嘻哈界中总是佩戴着大金链子的非裔美国人不同，野兽男孩的衣着更接近普通邻居或路人，只不过他们也有一种挑衅式的逆向思维：要穿一种老鞋——Campus。他们很快成为这种鞋的代名词。

↑ 野兽男孩与 Run DMC 的合影，他们都穿着阿迪达斯的篮球鞋

↑ 1986 年，野兽男孩三名成员分别穿着 Campus、Concord 和 Superstar

运动鞋历史专家博比托·加西亚（Bobbito Garcia）的专著《那些鞋你从哪儿搞来？纽约球鞋文化：1960—1987》（*Where'd You Get Those? New York City's Sneaker Culture: 1960-1987*）中特别提到：

> 当野兽男孩在1986年成为流行明星，而乐迷发现他们穿着Campus时，这款鞋很快就在纽约流行开来。

不过，纽约的亚文化群体只是带来了整体而言不温不火的销量，还不足以拯救这款运动鞋。1987年，Campus停产，而为阿迪达斯篮球鞋提供秘密开发环境的霍斯特也在同年去世。

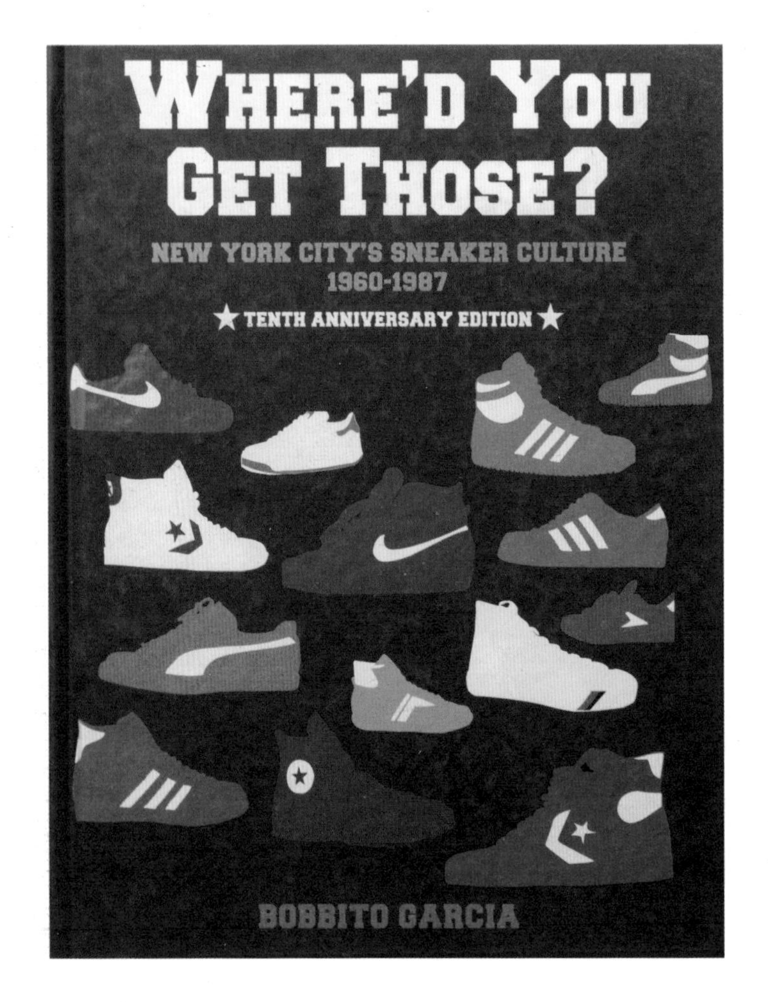

← 《那些鞋你从哪儿搞来？纽约球鞋文化：1960—1987》，2003年初版。图为本书作者收藏的十周年纪念版的封面，上面有许多经典运动鞋的剪影，你能认出几款？

跨世纪的时尚文化

野兽男孩中的Mike D对街头时尚有着前瞻性的理解。他与潮牌XLARGE的两位创始人伊莱·博纳兹（Eli Bonerz）和亚当·西尔弗曼（Adam Silverman）熟识，并参与投资了这个品牌。1991年11月，XLARGE的商店在洛杉矶开张了，它们出售街头服饰和运动鞋。这个品牌及其经营模式具有绝对的先锋性，甚至后来Supreme和Bape的壮大也有相当一部分功劳要归属于它。

商店从开张后到20世纪90年代中期，都在销售搜集自世界各地的各种已停产的老款鞋，尤其是以前在德国和法国生产的Campus，当时它的售价高达50美元，这令大部分普通消费者非常不解。但在球鞋文化发达的今天看来，这个定价很便宜。

1992年4月，野兽男孩发行了一张新专辑：《敲敲你的头》（*Check Your Head*）。

这张专辑席卷各大音乐排行榜。在1992年的多次采访活动中，Mike D代表乐队，对记者们颂扬了挖掘复古作品的重要性，还将他们对阿迪达斯运动鞋的选择和自身返璞归真的音乐风格联系到了一起：我们尊重特定时代下的实用设计。只不过，我们所偏爱的恰好不是还在生产的商品。

← 专辑封面照片，由乐队的御用摄影师格伦·弗里德曼（Glenn E. Friedman）拍摄，乐队成员摆出了他们标志性的造型

We have a certain respect for a certain era of utilitarian design. The stuff that we lean towards doesn't happen to be in production today.

我们尊重特定时代下的实用设计。只不过，我们所偏爱的恰好不是还在生产的商品。

Beastie Boys Mike D	嘻哈团体野兽男孩成员 Mike D

野兽男孩对 Campus 的爱如此执着，一本时尚杂志甚至在 1993 年给他们起了个绰号“运动鞋皮条客”（Sneaker Pimp），意指他们去挖掘已停产的产品并不遗余力地推广。阿迪达斯在 20 世纪 90 年代中期注意到了这种怀旧情绪，于是 Campus 归来，重新生产并上架销售。

一款当年销售一般、保存在产品档案中多年的鞋咸鱼翻身了。在 21 世纪头 10 年里，Campus 和各种潮牌的合作多如过江之鲫。尝到甜头的阿迪达斯在 2017 年夏天发起了一场名为“无暇思考”（No Time to Think）的营销活动，并将 Campus 列入了经典的 adidas Original 系列中。上市销售的主要产品有着最经典的配色，被爱好者统称为 Campus 80S。

这是一款复古鞋，比当年野兽男孩脚上的库存货要崭新得多。厚实的鞋底、标志性的缝线和触感独特的绒面革，赋予了它经久不衰的生命力。

↑ Campus 80S

CONVERSE
ONE STAR

匡威 One Star

垃圾摇滚

20 世纪 60 年代中期，阿迪达斯推出了革命性的 Supergrip 篮球鞋。1970 年，它作为 Superstar 正式发售，也就是我们所说的贝壳头。这款鞋让篮球鞋的市场格局发生了剧变，曾经的王者——匡威 All Star 风雨飘摇。为了自救，匡威必须做出改变。

All Star 换皮！

相比于帆布，皮革的优势确实显著。当时除了篮球鞋，足球鞋、网球鞋和训练鞋也都在往这个方向迭代升级。对于匡威公司而言，摆脱不利局面或许是一个漫长的、需要取得一系列商业成就的过程，但第一步最简单，那就是依葫芦画瓢，做一款类似于市场第一的鞋。

1969 年，正当阿迪达斯策划对 Supergrip 进一步升级以增强鞋头耐磨性之时，曾为匡威公司立下汗马功劳并贡献出第一款签名篮球鞋的查克 · 泰勒去世。也正是在这一年，历史悠久的匡威 All Star 家族正式推出了一款皮革篮球鞋。

这款鞋被简单粗暴地命名为 Leather All Star（Leather 的意思即皮革），但它并不只是简单地换了皮。相比于经典帆布鞋，它在版型上略有修改，不过版型上的所有修改都和换皮一样，追随着阿迪达斯的榜样。Leather All Star 拥有加厚了的鞋舌，以及能吸收更多冲击力和震动感的鞋垫（或称内底）、更加现代化的轮廓。为了生产这款新鞋，匡威公司还特意使用了新型鞋楦。

不过，匡威公司依然有着骄傲的倔强：坚守着 50 多年前为自己带来荣耀的橡胶鞋底和鞋的外底图案。

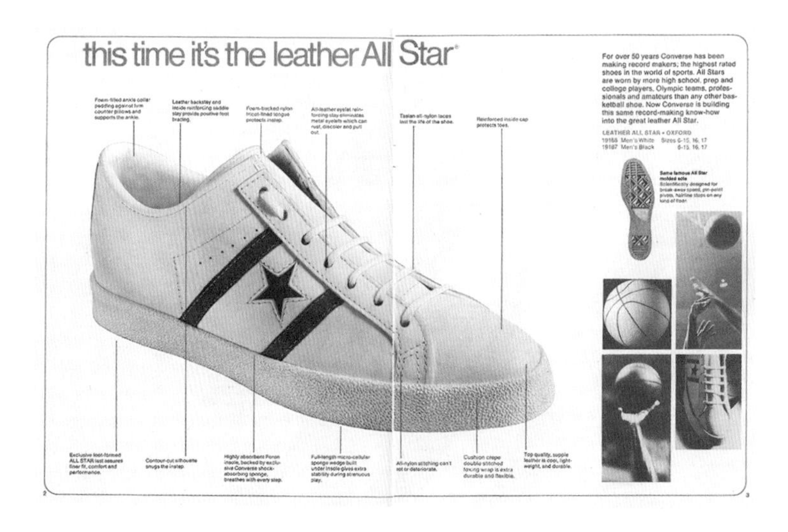

← 1969 年新鞋发布后的产品选介手册。匡威公司在宣传材料中标出了每一个改良之处，强调了其 50 多年的历史和对传统大底的坚守。但显而易见，这款鞋的外观上有浓重的阿迪达斯风格

消费者最能感知到的变化，是鞋侧面设计元素的更迭。匡威公司的设计师采用镂空工艺，在皮质的鞋侧面制作了镂空星形。这一工艺展现了鞋面材料的分层结构，相当有独创性；由缝线加固的两道平行条纹自鞋带向脚后跟倾斜，以拱卫着这颗孤星。这是一种有些爱国主义的设计，这一视觉元素也被美国消费者称为星条（Star & Bars）。匡威公司的政府关系工作一直做得不错，事实上传统款的帆布鞋直到此前一年还是（1968 年）墨西哥城奥运会中美国队的官方用鞋。

新鞋发布后，匡威公司很快推出了绒面革版本——和 Tournament 一样的材质，以及高帮版本，甚至还使用这款鞋型推出了网球鞋。简单粗暴的特性不仅体现在广告上，而且还体现在产品名称上。绒面革版本叫作 Suede Leather All Star（Suede Leather 的意思即绒面革），光滑皮革的高帮版本则叫 Leather All Star Hi Top。

无论如何，匡威公司第一款现代化的篮球鞋问世了。它被匡威公司寄予厚望，是守护公司篮球鞋市场残山剩水的最大指望。1962 年，All Star 还统治着 90% 的篮球鞋市场，但是在十多个春秋后，美国大约 85% 的职业篮球运动员都叛逃到了阿迪达斯阵营。

↑ 左页是粒面革 Leather All Star，左页右上方有高帮款；右页是绒面革 Suede Leather All Star

承上启下的修改

在 1969 年之后的几年时光里，新款的 Leather All Star 不是特别成功，匡威公司遏阻江山沦陷的目标是达到了，收复失地则太过遥远。问题就出自匡威公司引以为傲的橡胶鞋底上，虽然它当年经过了不断完善，但实在太过时了。不过，这款被消费者亲切地称为“Jack Star”的鞋，是后面一系列潮流鞋的原型。

1974 年，Lether All Star 迎来了一次小小的升级。简单讲就是两道条纹不见了，只剩下一颗孤星。更新后的鞋款式还和之前保持一样，绒面革的多种颜色和高帮款乃至网球鞋款等依然得到了沿袭。而且，这款鞋的名字依然不变。

← 1974 年，新鞋款推出后的广告海报。图中下方小字再一次展现了匡威在政府关系上的公关能力。这款鞋成为 1976 年蒙特利尔奥运会美国代表队的官方用鞋。“only one All Star”（只有一个全明星）的广告语，蕴含了这款鞋的“继承者”的名字

不过，这款抛弃了条纹的 Leather All Star 在市面上只销售了一年就消失了，取而代之的是 1975 年发布的 Pro Leather All Star，从名字就可以看出这款鞋"更专业"。所谓"更专业"，体现在它终于使用了由阿迪达斯开创的外底花纹样式，还在鞋面外观上赤裸裸地进行了"抄袭"，彻底切断了和传统 All Star 在设计语言上的联系。

→ 1974 年升级款上星形标识的特写，这种镂空工艺显示出了多层结构

↑ 考虑到这款鞋在护趾部分没有"贝壳头"这一结构，所以它几乎是百分百地"抄袭"了 adidas Stan Smith

动荡年代的高瞻远瞩

20 世纪 90 年代的匡威公司在研发新鞋上投入大、产出少；各种决策往往非常糟糕，挥霍了珍贵的现金储备并负债累累；企业所有权也几度易手。就在这样的背景下，匡威公司做出了一个敢为天下先的商业决策。

著名畅销书作家马尔科姆 · 格拉德威尔（Malcolm Gladwell）写过一篇名为“猎酷”（the coolhunt）的文章，记录了这个商业决策背后的故事，并将它发表在了《纽约客》杂志上。

贝西 · 怀特曼（Baysie Wightman）供职于匡威公司，担任品牌经理。她的工作职责是尽可能敏锐地捕捉市场动态，她干得很用心。1992 年，她认识了波士顿纽伯里街一家炫酷精品店的老板，迪迪 · 戈登（DeeDee Gordon）。怀特曼不仅邀请戈登到匡威公司工作，而且带着摄制组为这家精品店拍摄了一组照片。她赢得了戈登的友谊，戈登经常与她分享一些一线消费者的心态和想法。

1992 年底，戈登打电话给怀特曼，告诉她追求酷文化的年轻人群体现在有个重要的动态：他们不再对耐克或阿迪达斯的高价篮球鞋感兴趣了，虽然那些鞋款号称拥有多种高科技材料甚至航空航天技术，但他们却觉得有些庸俗，开始审美疲劳了。他们当中滋生着反叛情绪，他们想要简单的、能带来真实感的运动鞋，而市场上这样的鞋不多。

怀特曼自己也做了调研，她发现日本有一个规模不太小的群体对美国 20 世纪 60 年代末 70 年代初的时尚风格非常着迷，他们会不计代价地买下已经非常稀有的匡威旧款运动鞋来穿。这种远在万里之外的收藏爱好震撼了怀特曼。

其实，日本在球鞋文化史上具有相当重要的地位。有一些罕见的运动鞋只在日本出现过，所以对北美、西欧等国家的运动鞋爱好者来说，那里是“流着奶与蜜的地方”。日本之所以成为运动鞋富矿的其中一个原因是：80 年代的日本实在太有钱了，日本人或批发或收藏了太多各种各样的鞋。在日本经济泡沫破裂后的 90 年代，这些产品于是就有了更好的流动性。

怀特曼是前往日本的鞋业专业人士，在日本，也有一些非专业的西方人士卷入其中。例如，有一位来日本工作的澳大利亚教师，他只是普通的运动鞋爱好者，不过经常有朋友托他去买一些只在日本才有的鞋。于是他逐渐收到了很多订单，变得非常忙碌，后来甚至辞去了本职工作。

怀特曼调研的时间并不长，但她看到日本很多潮流青年都穿着自家公司某个系列的鞋子，她不知道具体款式是什么，翻了遍匡威公司的产品目录，最终找到了一系列拥有古老的硫化橡胶外底、都只有一个简单的星形标识的运动鞋。其中，1974 年款 All Star 是日本青年最热捧的。

日本之行后，她说服了几乎走投无路的管理层。

于是 1993 年，匡威公司重新推出这款鞋，并正式将之命名为 One Star。或许是无意间，该公司开启了运动鞋的复古时代。不过在 20 世纪 90 年代上半期，复古并不是一个趋势。1994 年，耐克发布的复古 Air Jordan 1（简称 AJ1）卖得非常差，直到 1999 年耐克 Dunk 的复古才算成功；而阿迪达斯 Campus 再过几年才会回到市场；鬼塚虎整个品牌和复古鞋型要到 2002 年才“复活”。匡威虽然走在末路上，但再次前沿了一把，成了第一个勇敢尝试复古的大厂。

← 1993 年款 One Star 的广告，纸张材料上的镂空星星很有创意，呼应了鞋子上相应的设计

↓ 复古 One Star 的鞋底保持传统，并没有像 Pro Leather All Star 那样升级

“垃圾摇滚”为滑板电影伴奏

匡威公司的勇敢尝试是成功的。

One Star 复古运动鞋迅即登上以《摔打者》(*Thrasher*)为代表的滑板杂志封面。在尚属亚文化的滑板界看来，这款鞋设计简单、结构耐磨，拥有适当的弹性，能带来良好的站立体验，且价格低廉，值得各地滑手尝试。更重要的是，这款鞋很低调，与时髦的鞋款如耐克 AJ 系列形成了鲜明对比，相对隐蔽的属性使其成为球鞋文化运动的代表。

女孩滑板公司(Girl Skateboards)是一家在加利福尼亚州诞生的滑板分销公司。它的联合创始人斯派克 · 琼斯(Spike Jonze)参与了 One Star 的广告宣传，并将这款鞋推荐给了公司的滑手盖伊 · 马里亚诺(Guy Mariano)。1996 年，这家公司的联合创始人执导了一部不到 40 分钟的滑板小电影——《老鼠》(*Mouse*)，主演之一就是马里亚诺。

↑ 创刊于 1981 年 1 月的滑板杂志《摔打者》。该杂志的主要内容包括与滑板和音乐有关的文章、摄影作品、访谈和评论

→《老鼠》是滑板亚文化中的传奇之作

在电影中，马里亚诺精湛的滑板技术让滑板爱好者着迷，他们不断暂停并回放研究电影中的那些画面。不可避免地，马里亚诺脚上的黑色运动鞋和与之形成鲜明对比的白色星星，刻入了这些人的记忆中。

匡威复古成功，要归因于 One Star 在正确的时间穿在了正确的人的脚上。除了滑板爱好者，另一个群体是垃圾摇滚（Grunge，又称脏摇滚或油渍摇滚）的乐队成员和乐迷。

这些人开创了以撕裂的牛仔裤、格子衬衫、不做打理的发型为特征的反时尚风格，时至今日我们仍能看到其影响。

显然，于 20 世纪 90 年代初崛起的这一浪潮需要设计简单的运动鞋。浪潮的代表人物、涅槃乐队（Nirvana）的主唱科特·柯本（Kurt Cobain）的选择非常正确，他经常被时尚杂志拍到穿着 All Star 和 One Star。在他以及以他所代表的反时尚运动者看来，匡威具有真正的摇滚和朋克精神，它是一款高效的解毒剂，化解了那些昂贵的、被人为创造出稀缺性的运动鞋所带来的物质欲望。

1994 年 4 月，正处于事业巅峰时期的柯本在家中饮弹自尽。一名狗仔在警方调查期间，趁机拍摄到了柯本的遗体。这张照片被各种小报大量使用，照片里柯本倒在家里的地板上，脚上就穿着黑白配色的 One Star。这款鞋再一次刻入了乐迷的脑海。

14 年后，也就是 2008 年，已经被耐克收购的匡威公司联手柯本的遗孀科特妮·洛芙（Courtney Love）推出了 Kurt Cobain × One Star，向柯本致敬。这位英年早逝的垃圾摇滚明星，影响力一如既往，在 21 世纪的第一个十年里推动了 One Star 的第二次复兴。

One Star
具有真正的摇滚和朋克精神，
它是一款高效的解毒剂，
化解了那些昂贵的、
被人为创造出稀缺性的
运动鞋所带来的物质欲望。

↑ 穿着 All Star 的柯本

↑ 匡威联名款 Kurt Cobain × One Star

最近的回归

引领全球时尚文化的巨人，可能仅仅数十位。近些年来，街头服饰领域的顶级关键意见领袖是日本的藤原浩。他的弟子众多，而且他们纷纷开创了潮牌。在所有知名厂商的复古鞋发布会上，也都有藤原浩的影子。以他为首的日本设计师和诸多品牌热衷于重新设计 One Star，不断在其归于平静之时掀起波澜。

时尚界的呼声很强烈。20 世纪 70 年代的美学被时尚界带入 21 世纪的第二个十年。2017 年，One Star 再一次回归了，成为当时最受关注的复古鞋。

这款经典的匡威鞋型，在 70 年代守卫着匡威公司的半壁江山；20 年后在滑板运动员和垃圾摇滚爱好者脚下虎虎生风；现在，它在青年文化中留下了更为深刻且持久的印记。

↑ 藤原浩是日本时装设计师、说唱歌手、DJ，也被称为“里原宿之父”。他创立的最主要的品牌是 Fragment Design，图中他穿的就是 Fragment Design 和匡威在 2016 年发布的合作款 One Star

↑ 2017 年款 One Star，黑白和红白是最受欢迎的配色

天下球鞋一大“抄”

1975 年发布的 Pro Leather All Star，堂而皇之地“抄袭”了 adidas Stan Smith。

匡威的忠实拥趸为此感慨万千，唏嘘不已。毕竟半个多世纪以来，好像全世界的球鞋厂商都在“抄袭”匡威的经典款式和设计语言，但如今伟大的匡威也沦落到“抄袭”别人了。

↑ Pro Leather All Star 几乎仅是把阿迪达斯的三条纹变成了匡威的五角星加箭头

其实，整个人类的产品进化史，就是一部“抄袭”一学习一改进一创新的历史。还记得前文中阿迪达斯 1975 年推出的 Nizza 吗？那就是阿迪达斯对匡威经典设计的公然“抄袭”。本书后面的经典案例中，还会涉及耐克对鬼塚虎的“抄袭”，鬼塚虎对匡威和阿迪达斯的“抄袭”，兰迪（Randy）对 Keds 的“抄袭”，Vans 对兰迪的“抄袭”，以及全世界对耐克的“抄袭”，等等。就连匡威在帆布硫化鞋上创造的最经典的设计语言，究竟是不是匡威原创，也是有争议的。

你可能会好奇，大家这样“抄来抄去”，难道不违法吗？是的，不违法。

世界各国服装鞋帽的外观专利保护期及相关规定

国家	外观专利保护期（年）	保护期生效时间	其他规定
日本	15	自核准注册之日起	
德国	20	自申请之日起	
英国	5	自注册之日起	可延长 4 次，每次 5 年
法国	25	自申请之日起	经注册人声明，可延长 25 年
美国	14	自授权之日起	申请日在 2015 年 5 月 13 日前
	15	自授权之日起	申请日在 2015 年 5 月 13 日后
中国	10	自申请之日起	申请日在 2021 年 5 月 31 日及之前
	15	自申请之日起	申请日在 2021 年 6 月 1 日及之后

值得一提的是，中国已经提交了《海牙协定》的加入书，该加入书将于 2022 年 5 月 5 日生效。待中国正式加入海牙体系入后，在《海牙协定》范围内的成员国权利人，通过世界知识产权局申请并获得授权，就会自动获得在中国的保护，外观专利保护期为 5 年，期满前可申请再延长 5 年。

也就是说，在世界上的大部分国家中，球鞋的外观专利保护期是 10 ~ 25 年。这意味着只要过了保护期，所有厂商都可以“抄”那些经典的设计去做自己的运动鞋。这就解释了为什么全世界的球鞋厂商都在“抄”某些经典鞋型。只不过，他们“抄”的时候要完会换上自己的品牌标识，如若不然，那一定是违法的。

ADIDAS STAN SMITH

阿迪达斯“小白鞋”最熟悉的陌生人

有一款运动鞋得名于早年著名的运动员，至今已历经 50 多年，依然常出现在国内的小红书、国外的 Instagram 等平台中关键意见领袖的脚上。

它就是最名副其实的小白鞋。想要了解其中的故事，就要回到久远的过去，看看网球场上发生的事。

不同的时代

20 世纪 50 年代末 60 年代初，全球的体育用品行业是什么状态？

除了帆布鞋的代名词“匡威”，以及相互看不上眼的两兄弟分别创立的阿迪达斯和彪马具有一定的国际知名度，其他品牌的业务基本局限在所在国家的所在地域中。整个市场规模非常狭小。在那个时代，运动鞋是单纯的技术产品，与时尚毫无关系。离开了运动场所，基本没有人会再穿运动鞋。

↑ 20 世纪 50 年代体育用品界的全球第一阿迪达斯总部厂房，位于德国巴伐利亚州黑措根奥拉赫。办公楼看上去很普通，不只是因为外形简朴，也是因为企业规模不大

如果要改变这个局面，那么在大势上，全球经济需要再发展一段时间，因为当时距第二次世界大战结束也只有十多年，而在人们过上富裕的生活之后，业余休闲和聚会方面的消费水平会有巨大提升。在具体实务上，就需要有优秀的企业提供产品或服务以满足人们的需求。

总而言之，那是一个与今日非常不同的时代。

用鞋海战术再来一遍

阿迪达斯在制作田径鞋和足球鞋方面经验丰富，并在专业运动员中声誉卓著。这一次他们瞄准了网球鞋。

要推出网球鞋，就需要先确定设计原则。提出阿迪达斯网球鞋设计概念的正是创始人阿道夫的儿子：霍斯特·达斯勒。他拍板决定以白色面料为主，搭配少许代表网球的绿色，在鞋底部分使用聚合物内底和橡胶外底。

除了这些设计原则，霍斯特还做出了一个决策：推出一系列而非一款网球鞋，其设计原则也应是一致的。用瞄准一个个细分市场的鞋海战术，彻底颠覆帆布鞋统治的网球赛场。和当时的篮球运动员一样，网球运动员穿的都是帆布鞋。霍斯特要做的是，用其他材料尤其是已决定应用于同期研发出的新款篮球鞋上的皮革，来证明帆布鞋性能早已过时。

最重要的决定则有一定风险。霍斯特要求，必须将这些网球鞋上的阿迪达斯品牌感降到最弱。首先，不能使用三条纹；其次，不要出现“adidas”字样，而当时“三叶草”（Trefoil）标识还没问世。

如果这样设计，那人们无法第一时间认识到这些鞋是阿迪达斯出品的。去掉品牌加持，就是让产品自己发声来吸引消费者。霍斯特之所以做出如此决策，有一个根本原因，那就是他需要自己主导一个项目并获得商业上的成功，从而证明自己不仅是阿道夫的儿子，而且更是霍斯特自己，还是未来阿迪达斯当之无愧的掌舵者。

当然，这个决策也不可避免地影响了设计——网球鞋会在视觉上极为纯粹。

霍斯特是系列网球鞋的总设计师，但很多具体工作需要设计部门的人才群策群力。比如，具体用哪种材料、如何设计鞋底让网球鞋有更强的抓地力等。从 1963 年开始，阿迪达斯在几年内推出了设计原则统一、风格相近的一批网球鞋，其中有 4 款在当时较为知名。

每款鞋都有着坚实的橡胶质鞋底。这些鞋的命名都和网球运动有关，分别是：adidas Robert Haillet；adidas Monte Carlo；adidas Rod Laver；adidas John Newcombe。

仅仅从这些网球鞋的名字中，我们就可以还原出网球历史上那个生机勃勃又充满混乱的年代。

↑ 20 世纪 70 年代初，阿迪达斯的网球鞋广告，广告中有 4 种风格相似的鞋款。它们全部通体白色，鞋跟处有一抹绿，而且都没有与 adidas 相关的商标和符号。

除了广告中左起第三款鞋底较特别外，其他三款的鞋底都使用了当时克里斯 · 塞文等人刚刚开发出来的交错排列的鲱骨式图案。与 Superstar 一样，这种鞋底有更强的抓地力，能为网球运动员提供更好的稳定性。从左到右，这 4 款鞋分别是：

- adidas Robert Haillet，发布于 1965 年。皮革材质，两侧各有三排通风孔，这是唯一能让人联想到三条纹的装饰。它是阿迪达斯攻占网球鞋市场的主力。
- adidas Monte Carlo，其设计和用料几乎与前一款一致，仅气孔位置不同，排列的图案更柔和。在霍斯特的定位中，这款鞋主打女性市场。
- adidas Rod Laver，同名运动员的签名鞋，采用透气尼龙，利于汗液蒸发。材质更柔软，但保护力度并不逊色于其他鞋款。这款鞋主打顶级运动员市场。
- adidas John Newcombe，鞋底颗粒较大，用料也是皮革但相对节省。这款鞋主打业余和入门市场。

↑ 1965 年的 adidas Robert Haillet，初始版小白鞋，绿色的签名、绿色的尾片（或称鞋跟上口护圈）

降生于网球组织大战

adidas Robert Haillet 就是小白鞋最早的源头。

这款诞生于 1965 年的网球鞋，得名自法国网球职业选手罗伯特 · 艾耶（Robert Haillet）。体育用品厂商做签名鞋时，选择的合作对象一定是体育明星，如果不是，那也应该是查克 · 泰勒这种以一己之力普及运动的知名人士。但查一下艾耶的简历，就会发现：他从 1965 年拥有签名鞋到 1971 年退役，一次都没有赢得过所谓四大赛事的冠军，更别说大满贯（Grand Slam，中文译名来自日本麻将术语）了。

四大赛事指的是美国网球公开赛（简称美网）、澳大利亚网球公开赛（简称澳网）、法国网球公开赛（简称法网）和温布尔登网球锦标赛（简称温网）。不同的赛事所用球场也不同。法网场地一直是红土；温网场地一贯是草地；澳网场地在艾耶的时代也是草地，现在则是 Plexicushion 硬地球场（以丙烯酸为基础的材料所制成的地面）；美网先后折腾过三次，其中在小白鞋诞生的岁月里是草地，而现在是地面摩擦系数比澳网场地低一些的 DecoTurf 硬地球场。

不必感到头晕，这里只介绍了少数但主要的几种场地，据统计，网球场地可划分为 160 多种。球场材质不同，就决定了网球弹跳物理特性的不同。很多网球运动员是“偏科”的，他们可能善于在草地上打球但对红土望洋兴叹。正因如此，大满贯才是一个球员能力的最终证明。

那么，在四大赛事中一次都没赢过的艾耶是不是不够强大？

完全不是。因为在一个特定的历史时期内，四大赛事并不允许职业网球运动员参加，仅对业余球员开放。是的，你没看错，这是一种有意的隔离。网球是一种起步很早的运动，温网在 19 世纪 70 年代就有了。这种运动在发展过程中充分发扬了自由结社和自我组织的所有特性。

← 罗伯特 · 艾耶（1931.9.26—2011.9.26），法国网球选手，于 80 周岁当天逝世

与成熟的网球组织签约的就是职业球员。他们会参加组织安排的巡回赛，以获取组织提供的丰厚奖金。前面提到的 adidas John Newcombe，就得名自澳大利亚职业网球运动员约翰·大卫·纽康姆（John David Newcombe），那时他还是一名刚崭露头角的新星。他在职业生涯中（主要是 20 世纪 60 年代末 70 年代初）总共获得过超过 100 万美元奖金，至少相当于今天的 770 万美元。

当时最大的两个网球组织是国家网球联盟（National Tennis League，简称 NTL）和世界网球锦标赛联盟（World Championships Tennis，简称 WCT），它们都对推广网球运动贡献甚巨。随着网球的影响力越来越大，两个联盟不再允许球员去参加联盟之外的比赛。因此，当时还叫“冠军赛”（Championships）或“锦标赛”（Tournaments）的四大赛事，就只有所谓的业余选手参加。

随着网球运动的进一步发展，顶尖职业球员越来越讨厌组织限定的巡回赛，四大赛事也希望扩大参赛者规模以扩大影响。解决问题需要一个过程，过程等于等待，等待等于运动员的巅峰状态不可挽回地消逝。没有赢过四大赛事的艾耶是一个，而四款鞋中最特殊的 adidas Rod Laver 的联名者罗德尼·“罗德”·拉沃尔（Rodney “Rod” Laver）更令人惋惜。

↑ 罗德尼·“罗德”·拉沃尔（1938.8.9—）穿着自己的阿迪达斯签名鞋在赛场上夺冠。他在职业生涯中获得的奖金超过 150 万美元，相当于今天的 1 150 万美元以上

南半球的澳网在每年1月举行，而法网、温网、美网的举办时间分别为5月—6月、6月—7月、8月—9月。如果一年之内能赢得四项比赛的冠军，就是真大满贯或者年度大满贯。直到2022年的今天，男子单打整个历史上也只有两人实现过年度大满贯。如果不在同一年集齐冠字，叫职业生涯大满贯，现在的罗杰·费德勒（Roger Federer）、诺瓦克·德约科维奇（Novak Djokovic）等球星基本只能为此拼搏。拉沃尔是网球界公认的“史上最伟大球员”（Greatest of All Time，简称GOAT），他在1962年和1969年实现过两次年度大满贯，这个纪录至今无人能及。

其实这个纪录本来能更高。因为1962年是联盟发脾气前的最后时光，拉沃尔还能参加；1963—1967年，他就没有四大赛事的任何参赛记录。一直到1968年5月27日，小白鞋发布3年后，法网比赛解禁，允许职业球员参赛了，拉沃尔才回到场上。

所以，1968年标志着公开赛时代的到来，我们今天所熟知的四大赛事渐渐地都改名为公开赛。当然这只是打破坚冰的开头。我们介绍的4款鞋中，有一款叫adidas Monte Carlo，是该系列中唯一以地名（蒙特卡洛）命名的。蒙特卡洛大师赛，就在1969年成为公开赛。

不过，几大网球组织，包括1972年球员们自己组建的职业网球协会（Association of Tennis Professionals，简称ATP），它们之间的交锋、对抗、抵制、妥协、合作持续了很久。霍斯特策划的这一系列鞋子和做出的一系列决策，就降生于网球运动进一步普及、繁荣和争斗的历史背景下。

三叶草与小白鞋的定型

艾耶赶上了公开赛时代的末班车，但竞技状态一去不复返，于是在1971年退役。在他退役前，小白鞋就已经卖得越来越好了。

霍斯特早就认为公司必须向美国发展，以摆脱身上浓烈的欧洲味道。篮球鞋如此，网球鞋也是。当时网球运动越来越流行，明眼人都能看出这一运动的未来在美国。于是霍斯特决定，这款鞋最好能由一名美国球员所继承。当时业内最知名的网球经纪人是唐纳德·戴尔（Donald Dell），他之前也是职业网球运动员，在与阿迪达斯的沟通中，他热情地推荐了自己签下的球员斯坦利·罗杰·“斯坦”·史密斯（Stanley Roger "Stan" Smith）。

史密斯那时刚刚在1970年的ATP世界巡回赛中赢得了6个单打冠军，这是他转为职业球员的第二年。他球风稳健，在球场上沉着冷静，几乎没有任何情绪波动。史密斯之前穿着帆布质地的Uniroyal网球鞋打球。和匡威公司一样，Uniroyal是一家美国公司，但这家公司没有为史密斯做过签名鞋，代言费也不高。

↑ 斯坦利·罗杰·“斯坦”·史密斯，生于美国加利福尼亚州帕萨迪纳（Pasadena），他是那个时代美国无可争议的网球第一人。图中他穿着自己的签名鞋

← Uniroyal 帆布网球鞋，是不是很像匡威？

1971 年，史密斯拿下了美网冠军。次年，他总共赢了 9 次冠军，其中包括温网冠军，排名世界第一。

1972 年有巨大收获的不仅仅有史密斯，还有阿迪达斯。当年 8 月底，慕尼黑奥运会开幕。在全世界的目光都集中在联邦德国巴伐利亚州之际，距离慕尼黑 2 小时车程的阿迪达斯公司总部发布了一个新标识：三叶草。三条纹的设计元素一直被沿用至今，代表阿迪达斯的高性能运动鞋；而三叶草代表着 adidas Originals。对于什么算经典，阿迪达斯非常明确。小白鞋推出 7 年，已经属于这个行列。

霍斯特彻底认可了史密斯。下定决心的霍斯特向史密斯提出了包含大笔代言费的诱人交易，他相信这足以打动那位留胡子的球场绅士。1973 年，史密斯和阿迪达斯终于签订了合同，这是体育历史上最有影响力的合同之一。合同签订次年，阿迪达斯在小白鞋鞋舌上增加了史密斯的肖像。这款鞋名为“adidas Stan Smith”。

↑ 史密斯 1972 年在温网夺冠后所拍摄的照片，小胡子是他的标志。后来，他维持着不错的记录，赢得了 37 个职业单打冠军和 53 个双打冠军，于 1987 年入选国际网球名人堂

↗ 三叶草标识在慕尼黑奥运会召开之前发布，这个标识所象征的含义并不是广为流传的“更高、更快、更强”的体育精神，而是地球立体三维的平面展开

↑ 这是一张 20 世纪 80 年代早期的小白鞋照片。自 1978 年开始，小白鞋上的所有视觉元素全面稳定下来

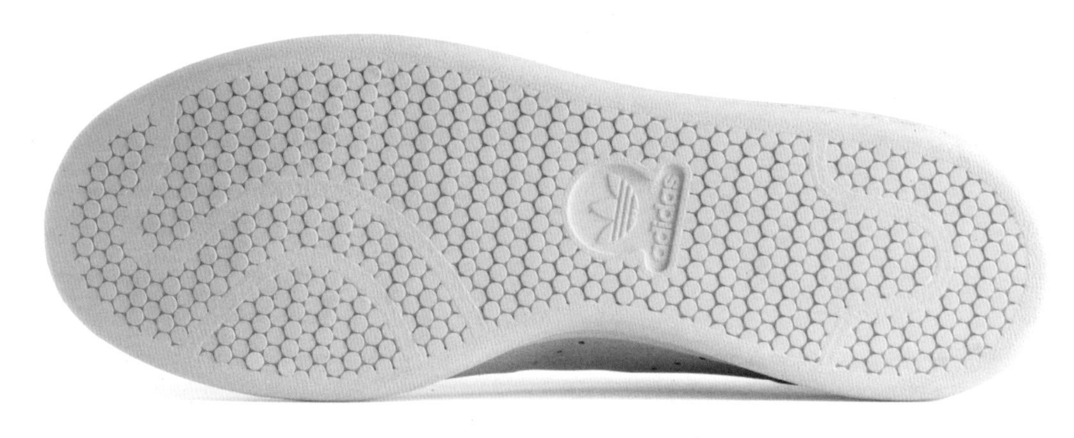

↑ adidas Stan Smith 的鞋底设计

一款大流行的网球鞋

从 1965 年 adidas Robert Haillet 发布时起，到它改了名的整个 20 世纪 70 年代，小白鞋一直是专业网球运动员的首选。当然，这其中也包括史密斯的对手。《球鞋大战》（*Sneaker Wars*）一书的作者引述了史密斯的一段话：

> 我第一次真的感到很恼火。我输了一场比赛，对手是穿着我的鞋的人。

在 20 世纪 70 年代初期，小白鞋开始走出网球场，出现在更多人的脚上。看看这张约翰 · 列侬在 1980 年拍摄的照片，他穿着一双黑色的 adidas Stan Smith。这双鞋“出圈”的原因很简单，其简单纯粹的设计彰显品位。

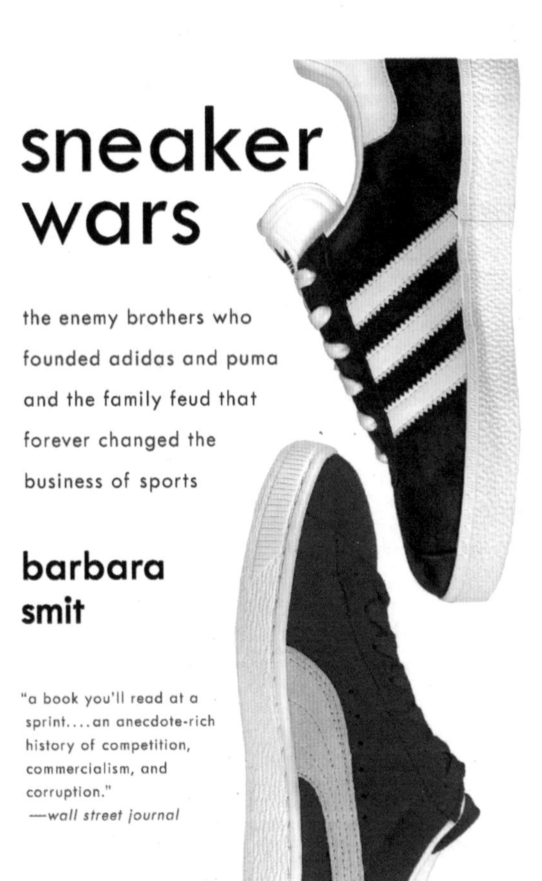

sneaker
wars
the enemy brothers who
founded adidas and puma
and the family feud that
forever changed the
business of sports
barbara
smit
"a book you'll read at a
sprint....an anecdote-rich
history of competition,
commercialism, and
corruption."
—wall street journal

→《球鞋大战》一书记述了达斯勒兄弟，以及阿迪达斯与彪马的恩怨情仇。图片即为本书作者藏书的封面

I got really annoyed the first time that I lost a match against a guy who was wearing my shoes.

我第一次真的
感到很恼火。
我输了一场比赛，
对手是穿着我的鞋的人。

Stanley Roger "Stan" Smith　　斯坦利 · 罗杰 ·“斯坦” · 史密斯

↑ 1980 年 11 月 21 日，纽约市中央公园，约翰 · 列侬与小野洋子，约翰 · 列侬脚上是一双黑色的 adidas Stan Smith

运动鞋行业迎来了伟大的 80 年代，运动鞋制鞋技术在飞速发展，直接奠定了我们今日所看到的运动鞋的基本样貌。在这 10 年里，英国锐步发布了第一款女性专用性能鞋 Freestyle；从鬼塚虎发展而来的亚瑟士发展出了缓震凝胶技术；耐克则把航空航天技术引入篮球鞋，攻占了阿迪达斯此前抢下的原属于匡威的市场，并与迈克尔 · 乔丹开始了合作。80 年代对运动鞋行业来说是一个兴旺的年代——全行业的年化增长率超过了 300%。

1988 年，小白鞋已售出 2 200 万双，在那时被列入了世界纪录。小白鞋的助产士、体育经纪人戴尔披露，2008 年小白鞋的销售额超过 6 500 万美元。面对竞争对手越来越花哨的设计，这款鞋一直享受着简单带来的超长生命周期。

2010 年，时任法国著名女性时装店品牌思琳（Céline）的创意总监菲比 · 菲罗（Phoebe Philo），在她的 2011 年秋冬时装秀上穿了一款小白鞋。来自时尚界最有影响力的人的示范，使这款当年售价 35 美元的鞋再一次获得高光时刻。菲罗在思琳一直工作到 2018 年，成功将该品牌带入一线奢侈品阵营。在后来的思琳时装展中，她常穿着小白鞋出来谢幕。

然而高光时刻没有持续多久，这款鞋就突然撤出了市场。很快，一鞋难求。

← 穿着小白鞋的菲罗，曾大热的“囧脸包”（Luggage）就是她的设计作品。路威酩轩集团（LVMH）董事长称她是这个时代最有才华的设计师之一。她还与路威酩轩集团合作，正式推出了个人服饰品牌

拳头先收回去再打出来

从 2011 年起，阿迪达斯就停止了三叶草小白鞋的生产。市场上的存货销售得很快，任凭经销商使出各种看家本领，到了 2013 年，崭新的小白鞋几乎不再出现。阿迪达斯是故意断供的，因为 2014 年是这款鞋更名 40 周年，阿迪达斯在管理消费者需求，目的就是让它在卷土重来时成为大众关注的焦点。

2014 年，小白鞋回来了。

↑ 小白鞋回归时的海报。海报的风格也很复古

小白鞋于移动互联网和社交网络时代回归，自然就有用户据此模仿和创作。很快，消费者把鞋舌肖像玩出了花样，而且只需要一张自拍照。

对小白鞋诞生半个世纪后的消费者来说，这样玩儿还有一个背景，那就是绝大多数人都不知道肖像上的那个人是谁了。1985 年退役的史密斯自己就喜欢做这样的街头调查并乐在其中。他在一次采访中说了下面这样一段话。

> 我看到有人穿着它时就会会心一笑。
>
> 我偶尔会上前去问路人："你喜欢这鞋啊？"
>
> 他们会说："对啊，这双鞋很酷！"
>
> 然后我会问："你知道他是谁吗？"
>
> 对方会说："不认识。"
>
> 对于这种情况，有时候我会说些什么，但通常我会问完就走开。
>
> 哈哈，蛮好玩的。

↑ 2014 年 5 月 21 日，坎耶 · 维斯特（Kanye West，绰号“侃爷”）和金 · 卡戴珊（Kim Kardashian）在法国巴黎的一个时装设计师工作室外。侃爷脚上穿着小白鞋

↑ 这些都是鞋舌上不同人的自拍照图案

阿迪达斯的营销策略得到了回报。在接下来的几年里，社会名流、时尚人士、层出不穷的合作款和街头文化之间产生共振，让这双鞋无处不在。到今天为止，其销量已经接近 6 000 万双。

作为一款持续了几代的经典球鞋，adidas Stan Smith 几乎从来不靠炒作和限量发售来操控消费者的兴趣，它仅仅凭借纯粹的设计力有了如此地位，因此值得我们深深致敬。

ONITSUKA TIGER MEXICO 66

鬼塚虎 Mexico 66

李小龙其实没有穿过它

1949 年，日本依然处于军事占领之下。4 年前投降的这个国家百废待兴。

在战后物资匮乏、信仰崩塌的日子里，来自美国的体育项目，尤其是对场地设施和个人装备要求不高的篮球，吸引了许多年轻人。他们在简陋的球场上能够找回已经幻灭的士气和精神。

吃芥末章鱼的创业者

鬼塚喜八郎，1918 年出生于日本鸟取县。他曾是一位陆军军官，在 1949 年成立了鬼塚商会（Onitsuka Co., Ltd.，公司后来多次改名，如改为鬼塚株式会社，但对应的英文不变）。公司的主要业务是创始人带着全部 4 名员工为学童制作廉价鞋子，尤其是凉鞋。不过，鬼塚喜八郎一心想进入篮球鞋市场。公司第一个篮球鞋系列的鞋楦，就是他把佛堂蜡烛的热蜡倒在自己脚上做成的。

↑ 鬼塚喜八郎蹲在位于神户的鬼塚株式会社总部门口

兼创始人、设计师、制鞋匠角色于一身的鬼塚喜八郎知道自己推出的篮球鞋并不受市场欢迎。一家微型初创公司也没有销售网络可言。所以，在推出篮球鞋后的两年里，公司苦苦挣扎。鬼塚喜八郎基本上变成了一个旅行推销员，他为了控制成本，晚上就睡在火车站候车室里。毕竟是自己的公司，所以他比查克 · 泰勒节省太多。同样是旅行推销员，查克 · 泰勒从不吝惜给公司报出一个数额巨大的差旅账单——不过也不是因为他住的酒店有多么好，而是他整年都住在汽车旅店积攒出来的。

只要醒着，鬼塚喜八郎就带着鞋子来到一个个或正规或不正规的球场，一方面，他会观摩篮球比赛和训练，留心球员们最常遇到的问题；另一方面，在球员的比赛和训练间歇，他会向潜在客群推销仍在发展中的产品。

他发现在球场上，球员在频繁切换快速停止和启动动作时，经常会摔倒。鬼塚喜八郎时刻思索着如何解决这个问题，以带来更好的体验。在某个享用芥末章鱼和腌黄瓜的炎热夜晚，他被灵感击中了。有一只章鱼触角黏在了碗边，将它夹出来颇为费力。章鱼触手、吸盘、鞋底、抓握、篮球场地……鬼塚喜八郎大脑里的这些概念，初次联结在了一起。

在仿生学启发下的试制产品“章鱼篮球鞋”被迅速制作了出来，并被命名为“Tiger”（虎），这是鬼塚喜八郎最喜欢的动物，敏捷灵巧的百兽之王。随后，虎牌篮球鞋迎来了关键用户——神户高中篮球队。他们在 1951 年赢得了全日本高中篮球比赛冠军。因旅行推销工作而患上肺结核的鬼塚喜八郎终于获得了回报。

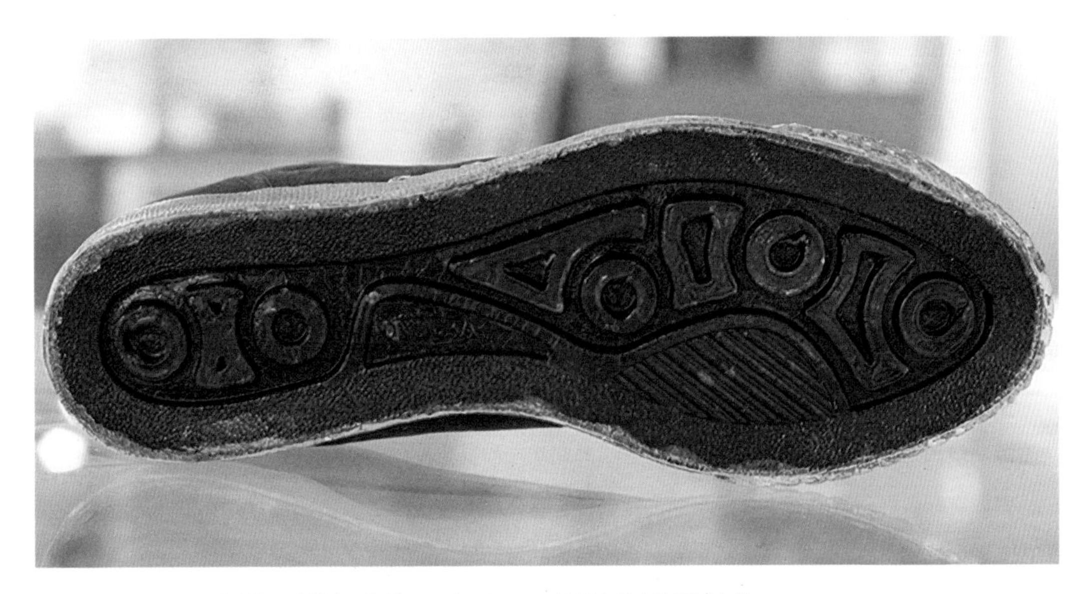

↑ 1951 年款“章鱼篮球鞋”的鞋底，相比于匡威 All Star，这是它最大的不同之处

↑ 1951 年款“章鱼篮球鞋”的侧视图，看起来非常像匡威 All Star，因为那个时代的篮球鞋基本全是帆布鞋，而帆布鞋的设计已经由匡威确定了“标准答案”

剩下的事情就变得简单了一些。三年内，虎牌产品遍布日本。1955 年，有 500 家零售店面分销着鬼塚株式会社的产品。日本消费者习惯把脚踝处的英文标记 Tiger 和上方的公司名连在一起念，所以品牌名就成了“鬼塚虎”。到了 1956 年澳大利亚墨尔本奥运会时，鬼塚虎成为日本男篮的官方用鞋。那一年，日本男篮以微弱优势从包括美国队在内的小组赛中出线。

20 世纪 50 年代末，鬼塚喜八郎和尚未出名的日本长跑运动员寺泽彻相识。鬼塚喜八郎第一时间就开始了用户调研，他问寺泽彻：“长跑运动员遇到的最大挑战是什么？”

“水泡，”寺泽彻回答说，“但脚上的水泡是长跑运动，尤其是马拉松中不可避免的，它是对意志力的终极考验。”

这句话充满了一种宿命论的味道和病态审美——因承受不一定必要的苦难而感到无上的荣耀。坚韧不拔的精神当然值得欣赏，但如果能在追求胜利的同时让脚丫子舒服一点，又有何不可呢？

鬼塚喜八郎想开发出不会磨出水泡的跑鞋，于是就向专业医生咨询了水泡是如何形成的。他了解到，要想避免起水泡，就要解决三个问题：水分、热量和摩擦。鬼塚喜八郎观察了在浴缸里泡到起皱的脚趾头后，意识到长跑时跑鞋对出汗的脚而言就是一个迷你浴缸。

↑ 比赛中的寺泽彻

鬼塚喜八郎于是决定增强鞋子内部的空气流通性。很快，鬼塚株式会社创造出了一种新跑鞋，鞋面是比较透气的布料，侧面有通风孔，鞋底则是双层的，改善了鞋子在导热和摩擦方面的性能。新款跑鞋在 1960 年发布，名为 Magic Runner。在蹬地和离地时，鞋子分别会排出和吸入空气。

穿着这双鞋，寺泽彻第一次没在跑马拉松时起水泡，而且在 1962 年到 1966 年间拿下了 6 次马拉松赛冠军。不仅如此，他在 1963 年还以 2 小时 15 分 15.8 秒的成绩创造了新的世界纪录。

↑ Magic Runner，可以看到品牌名“Tiger”

从鬼塚虎经销商到体育巨头

越来越多的国际知名运动员穿着鬼塚虎登顶世界冠军，因此这个品牌也在海外引起了关注。正在斯坦福大学商学院写毕业论文的菲尔 · 奈特坚信自己的结论：物美价廉的日本相机碾压昂贵的德国相机的商业故事，将在不同领域上演。比如，运动鞋。

1962 年，奈特获得 MBA 学位后开始了环球旅行，同时还兼顾打零工和商业谈判。在鬼塚株式会社所在地日本神户，他发现了自己想要的产品——一款名为 Limber Up 的训练鞋。这款鞋通体为奶油白色，鞋两侧下部有简单的蓝色条纹。

在一次业务洽谈会上，奈特被鬼塚株式会社高管问到供职于哪家公司，慌张的他立刻撒了一个谎，称自己在蓝带体育公司供职。蓝丝带是美国高中生、本科生田径竞赛冠军常得到的奖励，奈特卧室里挂满了这种丝带，他声称这是“自己唯一可以自豪的东西”。但实际上，蓝带体育公司是一家还不存在的公司，公司名也是他杜撰的。

谈判比较顺利。奈特让父亲给鬼塚株式会社电汇了 50 美元以购买样品，接着他继续周游世界。奈特在第二年底（1963 年 12 月）才收到 12 双 Limber Up，他立即给俄勒冈大学的著名田径教练比尔 · 鲍尔曼（Bill Bowerman）寄了 2 双。奈特在本科阶段是学校的中长跑运动员，就在鲍尔曼麾下受训。

鲍尔曼是一位绝对的传奇人物，为田径运动和运动鞋带来了许多创举。收到鞋后，鲍尔曼教练直接提出两人合股开公司。1964 年 1 月 25 日，两人各出 500 美元，终于创立了真实的蓝带体育公司，生意正式起步。蓝带体育公司成为鬼塚虎经销商，第一个买鞋的顾客就是奈特的母亲，她付了 7 美元。奈特在他的亲笔自传中说：

> （我的母亲）会穿着一双 36.5 码的 Limber Up 鞋站在火炉或厨房水池边做饭、洗碗，这个场景始终驱动着我不断前进。

后来这家公司改名为耐克。2021—2022 年，在彭博亿万富翁全球排行榜上，80 多岁的奈特以 500 多亿美元的资产排名在第 23 位上下浮动。

↑ 蓝带体育公司在销售鬼塚虎鞋，左边的艺术字体“BRS”就是公司标识

↑ 已步入人生暮年的奈特。他是《财富》500 强企业 CEO 中最特立独行的人之一

虎纹与那款鞋的诞生

20 世纪 60 年代初，鬼塚株式会社要为鬼塚虎设计一个独特的标识。但在此之前，这家公司推出的部分运动鞋，其标识有些类似于阿迪达斯的三条纹。

评估了200多种方案后，鬼塚喜八郎在1966年决定：采用一个类似于汉字“井”的条纹图案（也就是“虎纹”，Tiger Stripes）。首款应用这一传奇性线条的鞋，就是 Limber Up。当年底，应用了虎纹的新款 Limber Up 就出现在了泰国曼谷第五届亚运会上。按照惯例，亚运会上许多项目的比赛是两年后将举办的墨西哥城奥运会的预选赛。

1966—1968 年，由公司创始人鬼塚喜八郎设计的 Limber Up 训练鞋依然在不断演化。这款鞋除了在材料和配色上有轻微修正，更重要的是：其条纹图案的缝线工艺使其具有了真正的功能性。“井”字的两条垂直条纹加强了鞋侧的强度，提高了鞋子的稳定性和灵活性。

鬼塚喜八郎一直没有从设计一线退下来过。从设计章鱼篮球鞋再到经典的 Limber Up 训练鞋，他的一个人生信条是“拘り”，中文大意是：不懈追求注定无法实现的完美。

最终，在墨西哥城奥运会举办前，Limber Up 训练鞋以“Mexico Delegation”之名再度现身。这款鞋采用的是优质白色皮革，鞋上缝制而成的红蓝色条纹异常显眼。虎纹自此彻底成熟，一直保留在这家公司后续的每双鞋上。

拘り：
不懈追求注定
无法实现的完美。

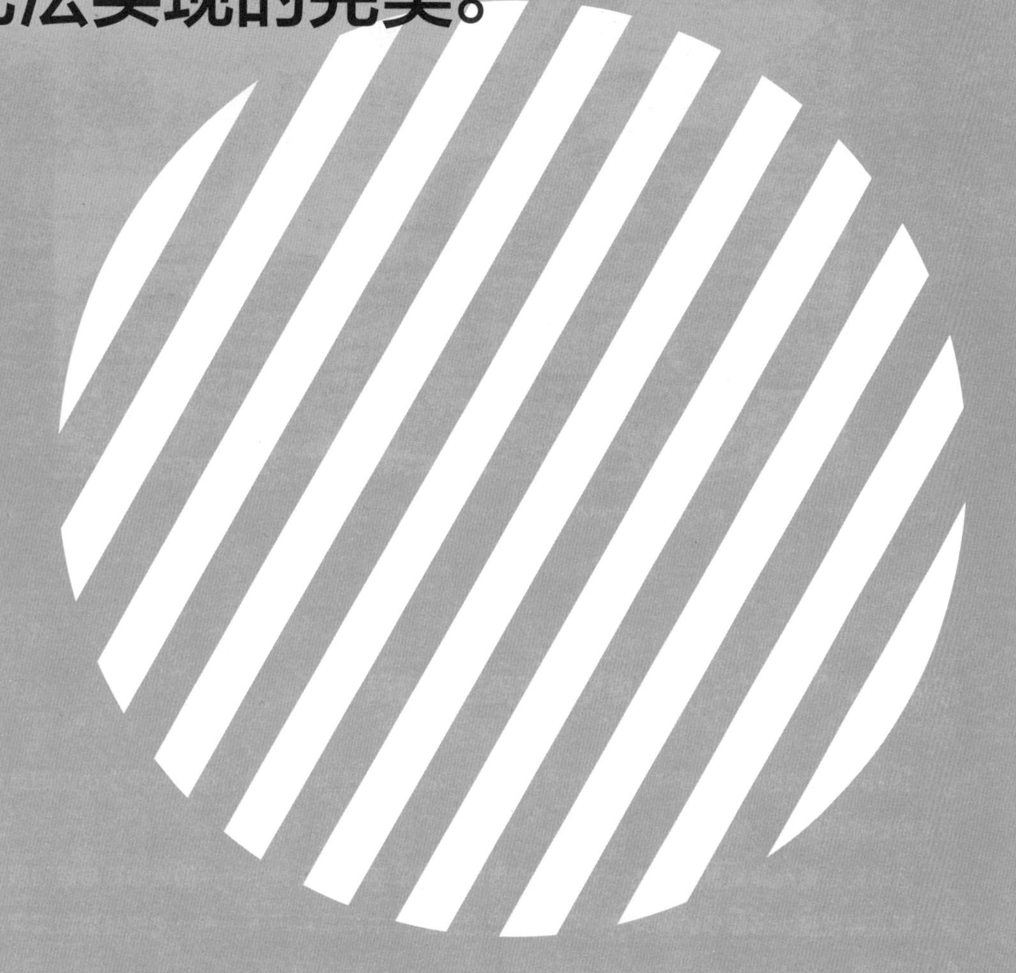

↑ 鬼塚虎早期鞋款，不像阿迪达斯的其他模仿者那样扭扭捏捏地使用两条纹或四条纹，而是毫不客气地用了一模一样的三条纹

穿那款鞋的李小龙：一个堪称“正确”的错误

1978 年上映的电影《死亡游戏》(*Game of Death*) 是李小龙的遗作。片中李小龙的黄色运动服装扮堪称经典。

运动鞋经销商非常喜欢复述一个广为流传的故事：李小龙在片中所穿的运动鞋与运动服搭配得宜，那双鞋就是大名鼎鼎的鬼塚虎。但是，无论是影片中还是片场里，李小龙的鞋都和鬼塚虎有些出入。

从外观上看，李小龙穿的鞋更接近鬼塚虎和阿迪达斯的混搭。李小龙文化资深研究者和运动鞋历史研究者经过跨界合作，得出定论：李小龙在片中穿的是另一个日本品牌 moonstar 的 Jaguar 运动鞋。

不过从根本上讲，这一考证并不重要。李小龙本人是鬼塚虎的忠实顾客。他不仅在生活中穿着经典款的鬼塚虎运动鞋，而且确实在多部电影的拍摄现场也穿着鬼塚虎。

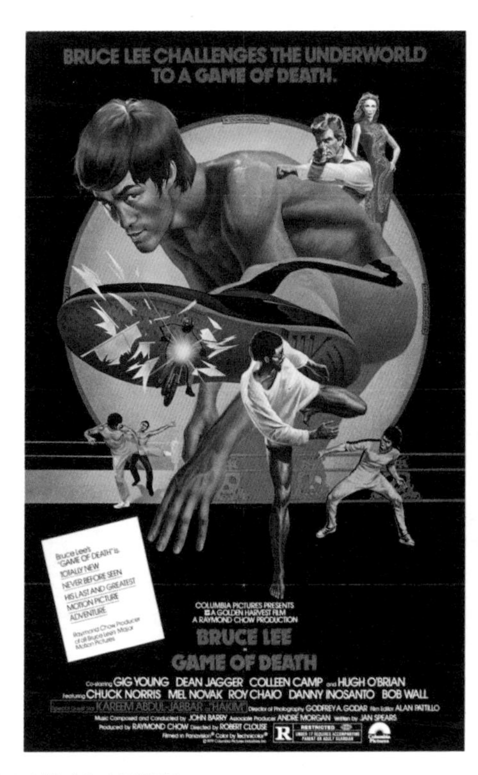

↑ 《死亡游戏》电影海报

↗ 李小龙的鞋和影片武术指导（兼客串演员）洪金宝所穿的正牌鬼塚虎对比最为明显

↑ moonstar 的混搭标识

↑ 正在教儿子李国豪功夫的李小龙脚着鬼塚虎鞋

↑ 李小龙在电影《龙争虎斗》(*Enter the Dragon*)的拍摄现场穿着鬼塚虎。他穿过的鬼塚虎近些年基本能以上万美元拍出

罗马诗人与企业初心

在第二次世界大战日本投降后的头三年时间里，鬼塚喜八郎主要从事贩酿私酒的工作，他干得很不开心。他的一位朋友，兵库县教育委员会健康和体育课课长堀公平建议他找到并遵从自己的天命。

除了鼓励鬼塚喜八郎“为年轻人做一双好鞋，以便让他们全身心投入运动中去”，堀课长还念了一句诗：“健全的精神寓于强健的体魄。”这句诗译自古罗马诗人尤维纳利斯的诗句“Mens Sana in Corpore Sano”。

1977 年，鬼塚株式会社与运动服专业厂商 GTO 和针织品制造商 Jelenk 合并，组成了一家新公司，新公司需要一个新名字。作为社长（总裁）的鬼塚喜八郎想起了当年朋友引用的诗句。

可能是为了方便发音，他对诗句稍作变通，改为了“Anima Sana in Corpore Sano”，含义基本不变——健全的精神寓于强健的体魄。这句拉丁文中每个单词的首字母缩写为 ASICS，后来享誉全球的品牌“亚瑟士”自此得名。

↑ 1977 年 1 月 12 日，（左起）GTO 会长寺西光治、鬼塚喜八郎、Jelenk 会长薄井一马在公司合并的新闻发布会上的合影

新公司调整了企业战略，之后鬼塚虎品牌消失了，而亚瑟士逐渐发展成为一个通用型的体育用品制造商，并转向棒球、滑雪、高尔夫和游泳等领域。在该公司的所有产品中，专业运动员认为其跑鞋达到了最高标准。

当日本经济泡沫在 20 世纪 90 年代破灭时，处于激烈竞争中的亚瑟士也陷入了经常性亏损。1995 年，鬼塚喜八郎回到该公司担任会长（董事长），他用了 8 年时间扭转颓势。在这场翻身仗中，复活的鬼塚虎立下了汗马功劳。

复古鞋“杀死比尔”

世纪之交，全球各大运动鞋品牌都在着手一件事情：复古。背后原因很多，其中最重要的一个是互联网在发达国家的普及。

网上论坛集合了原本分散的小众爱好者，下载技术相当于“重映”了此前各个世代沉淀下来的文化精品，电子商务方便了许多稀奇古怪的商品交易。人们经历了新锐技术革命后，反而有条件怀旧了。

2002 年，鬼塚虎品牌再次启动。经过精心挑选的复刻品，也就是当年的 Limber Up 训练鞋，是整个故事的开端。这款鞋在 1966 年选用虎纹标识，并在 1968 年墨西哥奥运会上最终定型，鬼塚虎官方把时间和事件元素嫁接了一下，为其取名 Mexico 66。

制鞋技术和材料在过去的 20 多年里有了不小的进步。这款复古鞋在侧面和虎纹上采用了全粒面革，后跟和鞋头则采用了光滑绒面革，而且后跟处还有一个纯皮质标签，上面印有最具历史性的“Onitsuka Tiger ”花体标记。毫无疑问，这款鞋是鬼塚虎全系列中最具标志性的。

有一部电影大大促进了鬼塚虎的复古潮流和公司的回血，也致敬了李小龙港式武打。那就是《杀死比尔》（*Kill Bill*）。

片中主角乌玛 · 瑟曼（Uma Thurman）穿着极像李小龙那套黄色运动服的服装，脚蹬 Mexico 66，挥舞着武士刀在全球砍下了 1.8 亿美元票房。

这个营销绝招让鬼塚虎登上了时尚巅峰。复古鞋爱好者，塔伦蒂诺导演、瑟曼和李小龙的粉丝，都有了动力涌向刚刚在日本东京、法国巴黎、德国柏林、英国伦敦和韩国首尔、中国香港开业的鬼塚虎精品店，去购买同款。事实上，也正是因为这部影片，很多影迷才开始误以为当年李小龙穿的也是鬼塚虎。

到今天，这款 Mexico 66 已被重新唤醒近 20 年了，它仍然是鬼塚虎系列中最受欢迎的鞋款。

↑ 复古鞋 Mexico 66

↑ 《杀死比尔》融合了港式武打片、日本武士道片与意大利西部片的风格

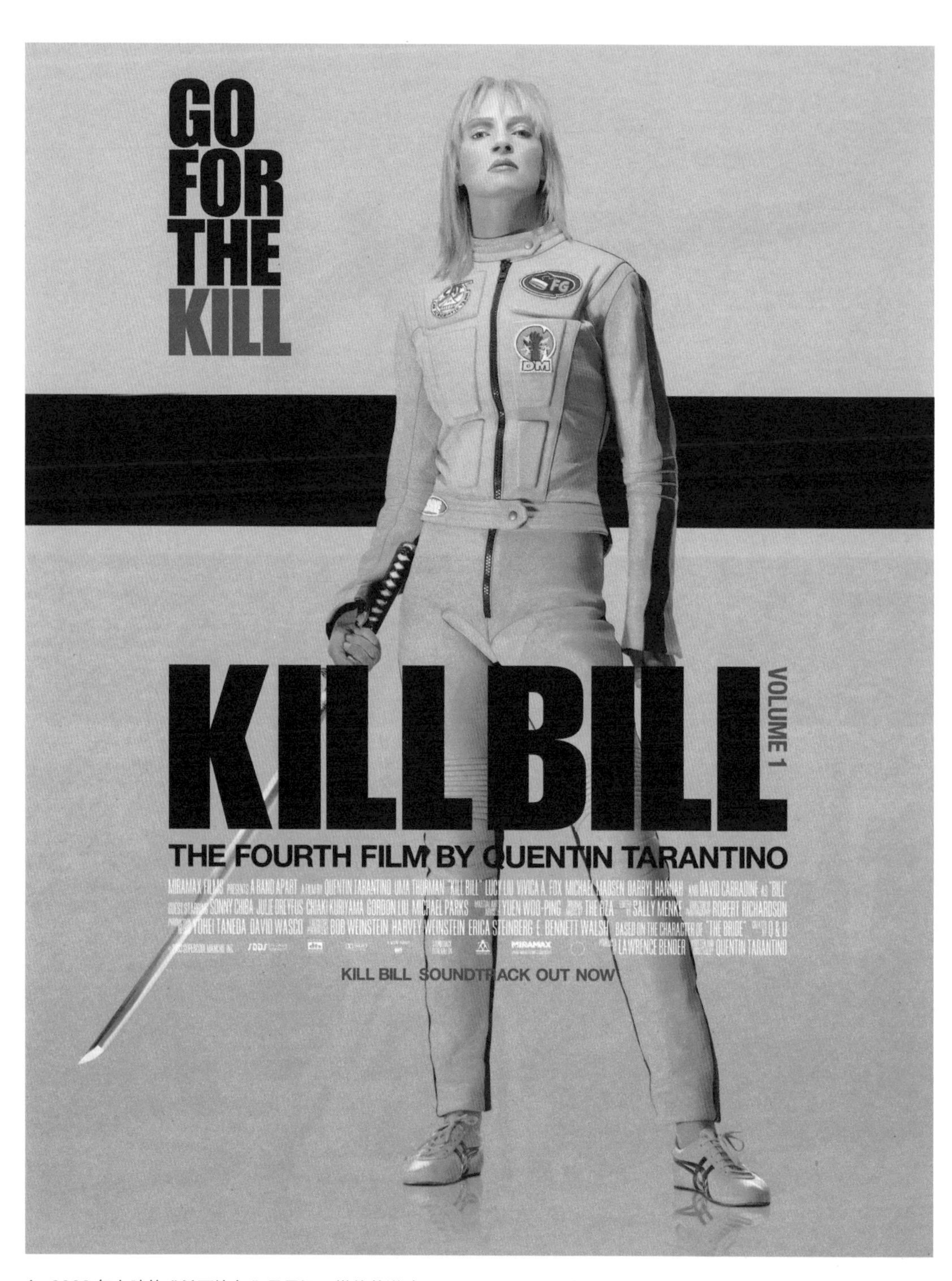

↑ 2003 年上映的《杀死比尔》是昆汀 · 塔伦蒂诺（Quentin Tarantino）导演暴力美学的代表作

永远的传奇

《杀死比尔》上映 4 年后，当代运动鞋的先驱、“鬼塚虎之父”鬼塚喜八郎去世，享年 89 岁。

从神户起家的小微公司，融合了日本传统工艺、现代高新技术和全球文化触觉，哺育出了全球两大运动品牌。很少有其他商业品牌能在存续这么久的同时，获得这么大的成就。Mexico 66 之所以深受大众的喜爱，不仅是因为它轻便舒适，而且是因为它蕴藏着的文化符号意义，以及被称为“拘り”的匠人精神。

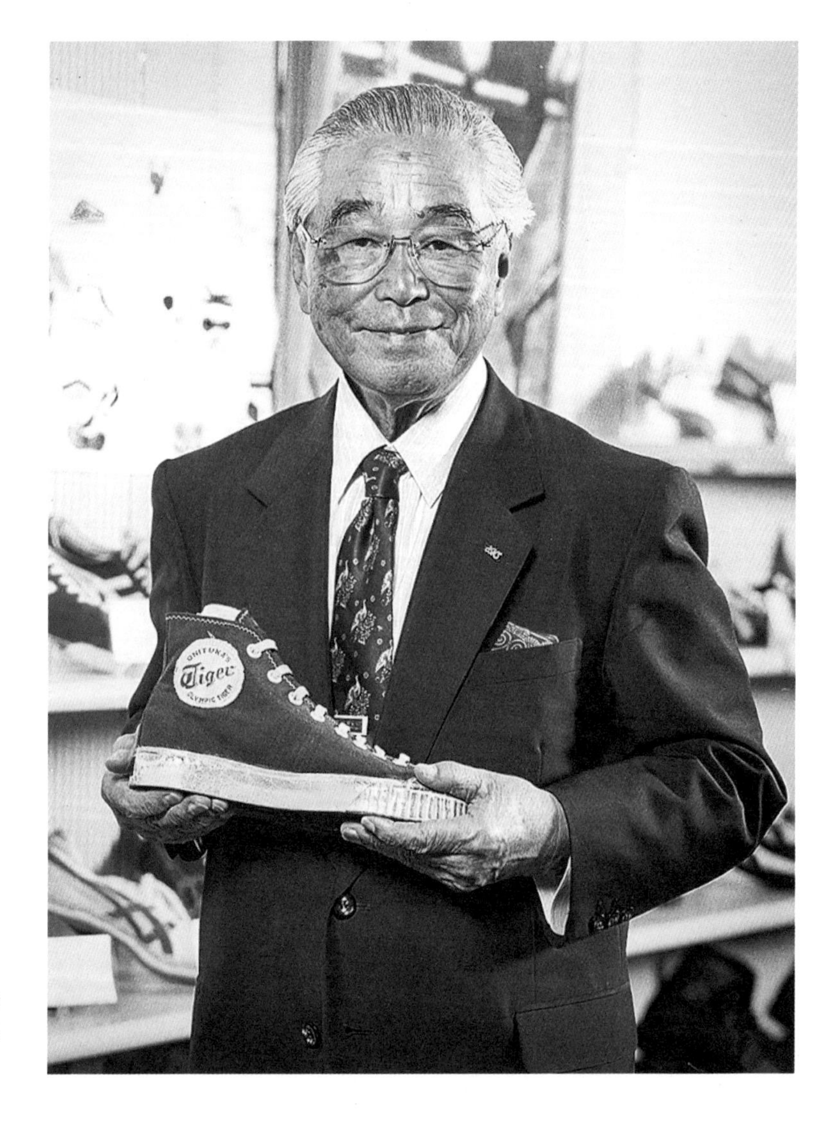

→ 晚年的鬼塚喜八郎拿着给公司带来第一桶金的“章鱼篮球鞋”

21 世纪初的球鞋文化

我们在前文介绍了球鞋亚文化的创世纪——那是在 20 世纪 70 年代的美国纽约发生的，可以视之为第一波球鞋文化浪潮。在 21 世纪的头几年，在《杀死比尔》热映、鬼塚虎复古鞋大卖的时候，球鞋文化掀起了一股地理上波及全球、时间上至今 20 载不停息的第三波浪潮（第二波浪潮会在后文提及）。

这波势能巨大的浪潮已经成为主流文化中的重要一员，其背后有两大因素。

第一个因素是冷战后的繁荣岁月。中国加入了世界贸易组织，开始了极为壮观的经济成长。同时期，第三世界也普遍富裕了起来，消费能力明显上升。这些后发国家人口众多，组成了最庞大的运动鞋消费群体。他们虽然是第一次接触球鞋文化，但遇到的已是完全成熟的时尚文化，不需要再走一遍早期历程。

第二个因素是信息技术的发展。电商让交易变得多么便捷不用多说。互联网，更具体地说，一开始是论坛，后来是博客、社交网站，现在是移动互联网和短视频，彻底改变了内容交流和社交攀比的速度，使各色人等极易在线上组织起来，并转化为线下的力量，其中就有球鞋爱好者组成的团体。

很多人犯了想当然的错误，以为互联网能扩大交流范围、促进融合。其实，它的便利性帮助人们发挥出了本性，即更倾向于与那些和自己相似的人交往。在一个越来越不依靠面对面的交流方式、“好友”的真实姓名往往未知，且变得更加割裂（或者说多元化）的时代，人们在生活中建立了大量弱连接，他们更需要归属感。

换言之，青年人即便不为球鞋疯狂，也会为其他东西而疯狂。人总是需要凭借某种集体意识（Collective Consciousness）和仪式，来完成自身的社会化。法国社会学家涂尔干在其名著《社会分工论》（The Division of Labor in Society ）一书中，将“集体意识”定义为：社会成员平均共有的信仰和情感的总和。集体意识是一个有生命力的系统，能让人们保持社会性。

在战争与革命的时代，体现人们的信仰和情感之意义的，可能是一些意识形态的大词和概念；在和平与发展的年代，这些就被替换为一些具体的名词和物件。现在，球鞋就承载着一部分人的信仰和情感。随着第三波球鞋文化浪潮席卷全球，我们在全世界各个国家都能观察到这种以年轻男性为主的群体的爱好。

随着年龄和财富的增加，“球鞋”或许会逐渐变成“电子产品”、“汽车”或“房产”。但相比于后面这些更贵、更过瘾的物件，球鞋占有了人一生中最好的东西——青春年华。青春期往往是人为自己塑造身份的敏感时期。我们常在这个时候第一次体验到一些东西，会与朋友、音乐、潮流文化等结成一种密切的关系，它们在我们的记忆系统中占据着最重要的位置。比如，自己相中已久但央求父母多次才得到的，或自己打工攒钱买的第一双球鞋，它显然超出了微不足道的实用性和功能性，成为我们的情感、经历和生活的一部分。

即便成年后随着时间的磨损，我们与上述人或物的关系淡化了，当与他们再次相遇时，我们的大脑也会本能地释放出多巴胺，让我们感觉无比美好。我们也许还会百感交集。这也是为什么每一代成年人都认为当下的旋律或设计俗不可耐，而自己年轻时听过的音乐或穿过的球鞋款式才是最好的。

→ 本书作者（草威）的部分球鞋文化类图书收藏

NIKE CORTEZ & ONITSUKA TIGER CORSAIR

耐克“阿甘鞋”与鬼塚虎Corsair

耐克的独立战争

1966 年，日本总人口眼看就要突破 1 亿大关，英格兰队夺得了至今唯一一次世界杯冠军。这一年，鬼塚虎的美国经销商推出了一款中底如同海绵蛋糕般柔软的运动鞋，开启了一场奠定霸业的“独立战争”。

赛道上的发明家

耐克创始人菲尔 · 奈特 10 岁那年，以中校军衔从美国陆军退役的战争英雄比尔 · 鲍尔曼开始执掌俄勒冈大学的田径运动队。

鲍尔曼被认为是有史以来最伟大的田径教练之一。他在 24 年的教练生涯中，培养出了 33 名奥运会选手，带出了 64 位全美田径冠军，他指导的运动员创造了 13 项世界纪录和 22 项美国纪录。能有这样的成绩，完全归功于他爱好科学、喜欢动手的特质。

↑ 年轻的鲍尔曼教练依然留着在军队服役时的发型。他曾在美国唯一一支山地作战部队第 10 山地师服役。通过这张图片，我们甚至能感受到这位军官的硬汉气场。那个年代的美国人被称为“伟大的一代”，他们推崇力量和速度之美。
鲍尔曼称自己的运动员为“俄勒冈的男人”（Men of Oregon），听上去平淡无奇，其实暗指只有践行如此审美观的男人才是真男人

↗ 俄勒冈大学是一所公立研究型大学，在这所大学的教职人员、研究人员和校友中，曾有 3 位诺贝尔奖得主、13 名普利策奖得主。该校校训拉丁语是“Mens agitat molem”，大意是“头脑移动群山”

鲍尔曼的父亲曾任俄勒冈州参议院议长和代理州长，但很早就离婚了，所以从少年时代起鲍尔曼家里就不宽裕，他也未能在大学时期就读自幼热爱的科学等相关专业。尽管未能在这方面深造，但他执教期间的各种训练技术创新都说明，他是一个浸透着科学精神的人。

鲍尔曼坚信所有运动员都是不同的个体，而所有个体的学习方式都不同。他根据每个运动员的训练程度和目标制订了每星期锻炼计划，并且最早意识到了过度训练的害处，强调要给予运动员充分的休息时间。

鲍尔曼还是最早尝试用影片作为教学工具的教练，他用一台旧的军用摄像机将自己的运动员在田径赛中的表现拍了下来，之后循环放映，借此带领队员们一次又一次地研究和提高技术。正是鲍尔曼及其同时代的先行者，使田径体育有了系统化的科学训练方法。

奈特回忆道：

> 鲍尔曼也在测试运动万能药、魔法药剂……以保证自己的队员保留更多的体力和能量。在我还是他的队员时，他就说过运动员补充盐分和电解质的重要性。他会强迫我和其他人喝下他发明的药剂，那是一种由打碎的香蕉、柠檬、茶、蜂蜜，以及其他不知名的配料混合而成的恶心黏稠物……虽然口感更差，不过效果很好。直到几年后，我才意识到鲍尔曼当时是在研发佳得乐（Gatorade）。

相较而言，鲍尔曼最热衷的是升级各种装备，其中又以跑鞋为最。鲍尔曼会对每一个运动员演示一遍自己精心计算的数据：

> 你们这些成年运动员每迈一条腿大约为 0.9 米。左右腿各完成一次，也就是一整个步伐为 1.8 米左右，这个数字约等于身高。如果一双运动鞋能减轻大约 30 克，那么每跑 1 600 米就相当于少负重约 25 千克（具体算法：$1\,600 \div 1.8 \times 30$）。

鲍尔曼认为，轻便就等于减少可观的负重，进而节省很多能量。这一切都意味着胜利。因此，他一直以来的目标就是制作出轻便的跑鞋。鲍尔曼为此专门在大学附近找了好几个鞋匠来学习制鞋工艺，并在有了专业积累后就开始改进自己团队成员的鞋子。

一开始，鲍尔曼的手艺并不好。他常常在运动员不知情的情况下拿走他们的运动鞋，重新拆装后做出改进。但是，运动员时常因此无法保持自己习惯的运动姿态，反而更容易受伤流血。

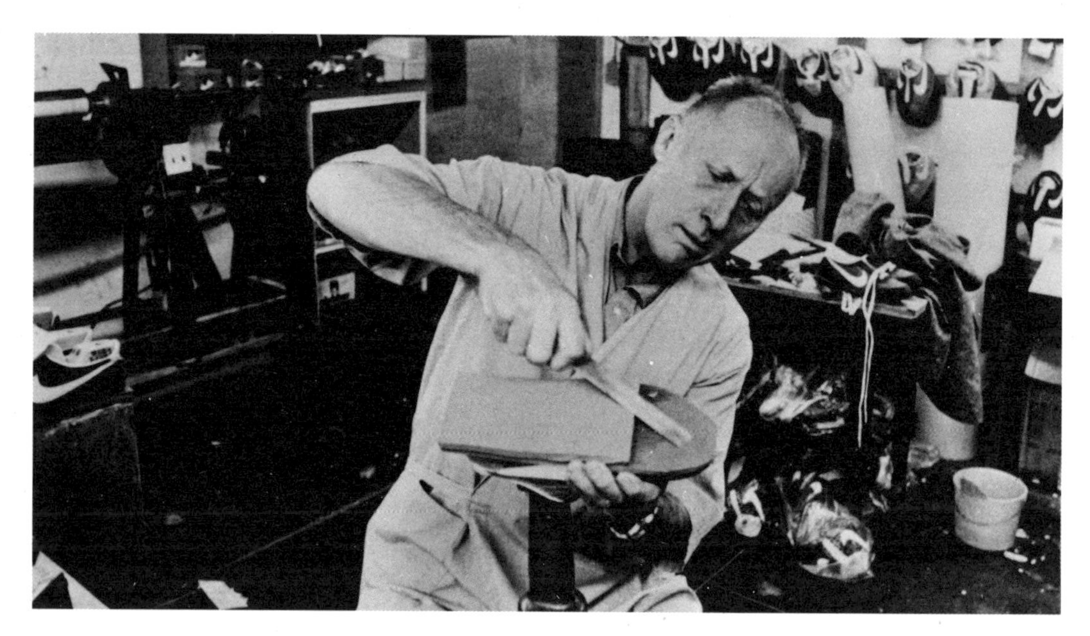

↑ 动手改装运动鞋的鲍尔曼教练

鲍尔曼的执着与坚持，最终让他走上了正确的道路。20 世纪 50 年代末，当时作为半程马拉松运动员的奈特，成了鲍尔曼的第一批小白鼠。

不过，动手改装“俄勒冈的男人”脚上的运动鞋完全不过瘾，鲍尔曼教练有更大的抱负。

太平洋两岸的制鞋匠

穿着改装鞋的运动员反馈非常迅速，这让鲍尔曼获得了竞争优势。他认为自己在造鞋上颇有两下子。他想让自己的改进意见得到更广泛的应用，于是不断给许多领先的运动鞋制造商写信。

阿迪达斯、彪马等运动鞋制造商收到了专业田径教练鲍尔曼的大量信件，于是非常积极地和他取得了联系，并派出专人与他对接。但这些公司的目标毫无例外地都是向鲍尔曼销售更多鞋子，而非听取他关于改进运动鞋的意见。

直到奈特把两双鬼塚虎运动鞋寄给鲍尔曼，一切才开始变得不一样。鲍尔曼主动提出了合伙开公司的建议，这超乎了奈特的预料。在很长一段时间里，奈特都不明白为什么。其实原因就在于，一旦他们合作成功，鲍尔曼就能和运动鞋制造商的负责人而非讨人厌的销售经理们说上话了。

1964 年 1 月，蓝带体育公司成立。按照约定，鲍尔曼不参与日常经营和管理，只专注于研究鞋子和专业性创意。4 个月后的 5 月 25 日，鲍尔曼给大洋彼岸的制鞋匠人鬼塚喜八郎写了第一封信，这封信充分表达了他的初衷：

> 我希望你与奈特先生的协议，能让我自由地给出我在田径运动鞋方面的想法。

1964 年 10 月举办的东京奥运会，为两位制鞋匠人的会面创造了契机。

鲍尔曼带着妻子芭芭拉·鲍尔曼（Barbara Bowerman），以及他训练出来的三名俄勒冈州田径运动员参加了那场奥运会。奥运会结束后，鲍尔曼夫妇在日本多留了一个星期，到访了位于神户的鬼塚株式会社，与鬼塚喜八郎见了面。鲍尔曼参观了制鞋工厂，解释了自己关于制鞋的理念。他和鬼塚喜八郎彼此钦佩，建立了信任关系。接下来具体与鲍尔曼对接的，是鬼塚株式会社的产品设计负责人森本先生。

他们的合作，助产了一款伟大的跑鞋。

→ 1964 年东京奥运会会徽。这场体育盛会是日本重拾民族自信的象征，会场主火炬手是在广岛原子弹爆炸当天出生于广岛县三次市的坂井义则。在日本大众心目中，奥运会连同国家转型和平主义、经济急速发展，一起构成了那个一切都在蒸蒸日上的时代的集体记忆

骨折带来的创新

1965 年春天，鲍尔曼麾下一个运动员肯尼 · 摩尔（Kenny Moore）在一次田径比赛中受了伤，但摩尔很快康复并协助大学队夺得了团体冠军。在这之后，鲍尔曼教练建议他多休息，但摩尔仍坚持训练。可是没几天，摩尔的一个脚趾发生了应力性骨折。

鲍尔曼让摩尔把运动鞋交上来以便做事故分析，他发现摩尔的鞋子是一款虎牌原装的 TG-22。

那时鬼塚株式会社出品的虎牌运动鞋涵盖多个类别，包括篮球鞋、训练鞋、田径鞋、网球鞋等，款式型号的命名规则比较朴实，主要是“TG”开头的字母搭配后缀数字。每逢重大运动盛会，比如奥运会、亚运会、英联邦运动会或某些知名马拉松赛事等，这个品牌都会提前把与运动会相关的名称元素加入新款鞋子中。

这款 TG-22 的脚后跟和前脚掌下都有海绵软垫，因此有不错的舒适度，但它没有任何支撑足弓的构件。鲍尔曼当着摩尔的面把肇事的鞋子剖开，仔细研究了一番。鲍尔曼发现，这款鞋外底使用的硬橡胶选材不过关，比较容易磨损。

鲍尔曼为受伤的爱将深感不值，评价 TG-22 是一款烂鞋。于是，他在那年春天拆解了十几双虎牌运动鞋，并做了大量的笔记、草图，开始设计一款新鞋。

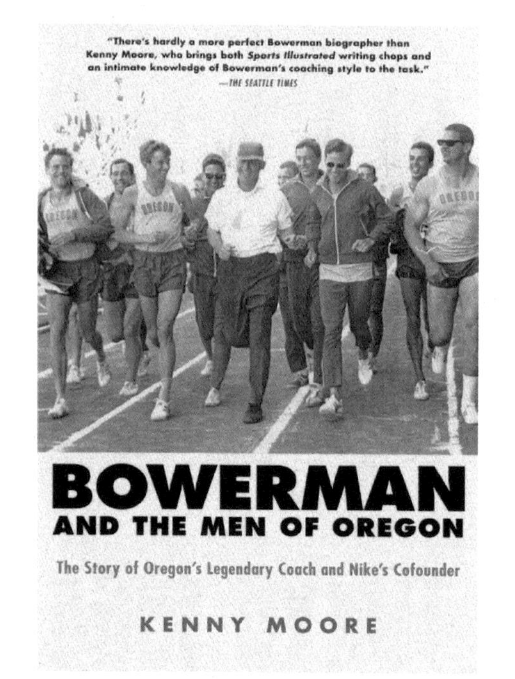

← 摩尔后来做过奥运会选手和体育记者，并获过奖，他还写过几本专著，包括2006年出版的传记《鲍尔曼和俄勒冈的男人》（*Bowerman and the Men of Oregon*），这本书揭示了摩尔对鲍尔曼的创新所做的贡献。图片即为本书作者藏书的封面

这款新鞋的研发特别像后世的互联网产品迭代——不仅经过了一次次调整和试错，而且有全球化的协作。每一次改进，鲍尔曼都会将设计说明和产品原型以航空件寄到日本神户。当年 6 月底，鲍尔曼设计出了最重要的产品原型。

在运动鞋设计领域，很少有天翻地覆的新创作，但各种元素的组合千差万别，搭配不同的材料和工艺，就会有完全不同的结果。鲍尔曼的鞋继承了 TG-21 和 TG-22 各自的优点：TG-21 鞋后跟部位嵌入式的硬质海绵和大底上坚固的硬橡胶，TG-22 脚后跟和前脚掌处的海绵软垫。寄到日本神户的航空件里的产品原型，就是这两种鞋的部件整合固定到一起后做成的。

森本先生对鞋子的设计持保留意见，尤其是他觉得鞋跟处的中底太厚了。不过鬼塚株式会社还是迅速制造出了样品，并在 7 月 25 日把样品连同回信寄回了俄勒冈。每次返回来的定制产品的测试者都是摩尔。这名运动员从骨折到恢复健康花了些时间，当他再次登上田径场时，脚下穿着的便是这款 TG 杂交体。

鲍尔曼相当满意。他在一封信件中对森本先生表示："你在 7 月为我制作的鞋子，在各方面都超出了我的预期。它比我希望的更好。"

每个周末，鲍尔曼都会仔细检查摩尔的运动鞋。鲍尔曼会分析新款运动鞋如何支撑足弓、鞋底如何抓地、脚趾受到了怎样的挤压，以及脚背如何弯曲，并记录其麾下运动员穿着跑鞋在各种比赛中的表现，以及跑鞋的表现，然后将这些信息整理好并寄往日本。

UNIVERSITY OF OREGON
DEPARTMENT OF ATHLETICS
EUGENE, OREGON

LEO A. HARRIS
DIRECTOR OF ATHLETICS

December 15, 1965

Mr. Kihachiro Onitsuka
President, Onitsuka Company
3-4 Terada-Cho
Suma-Ku, Kobe
Japan

Dear Mr. Onitsuka:

Last summer I constructed a shoe taking the best features of your TG 21 and your TG 22. I sent this shoe to Mr. Morimoto and a similar shoe was constructed by your company and sent back to us for trial. We not only tried the shoe but are still using it.

Mr. Morimoto, who is no longer with your firm, raised the question whether or not the heel was too high. He suggested that possibly the heel was also too narrow.

We have found this shoe to be an excellent training shoe in all respects. My question is whether or not we can now get this particular shoe manufactured by your company for the use of our University of Oregon runners and also by distribution by Mr. Philip Knight's firm, Blue Ribbon Sports.

We would be pleased to send one of the shoes to you if there is any question on what particular design it was. I would also make my rather crude drawings to indicate what we would like to have that is different from the 22 and how the best features of the 21 and the 22 are combined.

This shoe has been used by one of our University of Oregon runners who is at 20 years of age and an All American Track man and, I believe, will become one of the great runners in this country. He is still a bit young to rank among the very top ones but he does hold the University of Oregon record for two miles, three miles, and the steeplechase. He will be very sorry to have me send the shoe away because he has close to 2,500 miles. He would be very pleased if for sending the shoe, you would make a similar shoe in your size 9 to replace the one he is presently using with so much satisfication.

At this winter Christmas season I send you all best wishes and hope to again have the pleasure of seeing you soon.

Sincerely,

W. J. Bowerman
Professor of Physical Education
Track Coach

← 鲍尔曼和鬼塚株式会社 1965 年 12 月 15 日的沟通信件。此前不久森本先生离职，因此鲍尔曼又简述了一次合作设计的前情，以让新的对接人藤本知悉。在信件中，鲍尔曼表示这款运动鞋能满足蓝带体育公司的销售需求，它值得专门生产并向市场投放。
信件中特意提到了一个 20 岁的年轻人——摩尔，也就是曾经骨折了的测试者，他是俄勒冈大学 3.2 公里长跑、4.8 公里长跑和障碍赛跑步纪录的保持者

在逐步迭代的过程中，一种全新的设计——全长中底（full-length midsole）诞生了。这一设计来自鲍尔曼和蓝带体育公司第一名全职员工杰夫·约翰逊（Jeff Johnson）的交流探讨和试验。

约翰逊是蓝带体育公司派驻到东海岸的唯一一人，他和鲍尔曼一样热衷于运动鞋制作技术，也和奈特一样热爱经营。此外，他还是奈特在斯坦福大学时的同学。

约翰逊在东海岸开拓市场时，曾接到过一位顾客的反馈意见。顾客说这款名为 TG-4“马拉松”的长跑跑鞋缺少缓冲材料，其实无法应对在波士顿举办的马拉松赛。于是，约翰逊雇了一个鞋匠，把淋浴用凉鞋的底部拆下来缝到了 TG-4“马拉松”的中底部位。最后，这位顾客穿着这双鞋在波士顿马拉松赛中取得了个人最佳成绩，并对鞋子的舒适度赞不绝口。但是比赛结束后，鞋子也报废了。

在这件事结束几星期后，约翰逊和鲍尔曼在洛杉矶第一次见了面。两人一见如故，他们发现彼此都在研究将缓冲材料应用于运动鞋中底的可能性。他们当即在酒店里又拿着可怜的浴室拖鞋开始试验。

随着时间的推移，约翰逊最早应用的全长中底终于出现在了鲍尔曼对 TG-21 和 TG-22 的杂交体的改进上。那年从夏天到秋天，鲍尔曼关于虎牌跑鞋的各种想法在太平洋上空来回穿梭，同时摩尔穿着这款新鞋子的不同版本跑了惊人的 1 000 多公里。到了冬天，这个数据累积至近 4 000 公里。

令鲍尔曼欣慰的是，继任的产品负责人藤本和鬼塚喜八郎都很认可他的发明制造。这两人在圣诞节前的回信中均盛赞了这款鞋，并表示即将投产。

相比于之前和知名鞋厂不愉快的沟通经历，这一年前后的设计和投产过程走得相当顺利。这款名为 TG-24 的运动鞋投产后，鲍尔曼自己在 1966 年 8 月订购了 300 双，之后卖给了俄勒冈的专业田径运动员。

40 年后，鲍尔曼的遗孀芭芭拉在接受采访时回忆道：“鲍尔曼在鞋子问世时非常兴奋，正好赶得上（墨西哥城）奥运会。那是他在制鞋业经历过的最快乐的时光。”

TG-24，这是它的第一个名字。

← 这是 TG-24 在 20 世纪 70 年代初的款型，整体设计中最突出的特点没有变，那就是淡黄色部位的全长中底，而且这个部位比 Mexico 66 的要厚不少

一款不断改名的鞋

1966 年，为了迎接 2 年后的墨西哥城奥运会，鬼塚株式会社推出了“墨西哥产品线”（Mexico Line）。鬼塚虎和蓝带体育公司有充足的时间做好市场营销，让 TG-24 出现在世界顶级田径选手的脚上。沿用命名习惯，TG-24 加上了一个名为“Mexico”的尾缀，出现在了蓝带体育公司 1967 年 1 月 30 日的营销邮件中。邮件中的描述是：虎牌 Mexico 系列的第一款。改进自 TG-22，为更长运动里程而设计。

蓝带体育公司给出的零售价是当时并不便宜的 9.95 美元，他们定价时的自信来自这款鞋所带来的体验。当时，其他任何跑鞋的舒适度和耐久性都无法与 TG-24 Mexico 相提并论。TG-24 Mexico 的全长中底能够很好地吸收专业跑道或一般道路的冲击，而且其高密度的橡胶大底更耐磨，这让鞋的寿命更长。

这个新名字没用多久。到了 5 月，蓝带体育公司为了加强营销，将这款鞋更名为更具墨西哥当地风情的“AZTEC”（取自墨西哥古文明阿兹特克之名），同时因为市场反响不错外加营销成本较大，所以价格又涨了 1 美元。

这次改名就市场效果而言很不错，AZTEC 成为蓝带体育公司在全美最畅销的鞋型。但这个名字和一款阿迪达斯运动鞋的名字起了冲突。阿迪达斯有一款通体金色的运动鞋，名为“AZTECA GOLD”（意为阿兹特克的黄金）。这个名字承载着当年旧世界的人们对新大陆的最初想象和一切疯狂冒险的最原始动力。阿迪达斯声称自己拥有这个名字的相关权利，并且还在 1968 年 2 月 13 日提起了诉讼。

↑ AZTECA GOLD 是一款有鞋钉的专业跑鞋

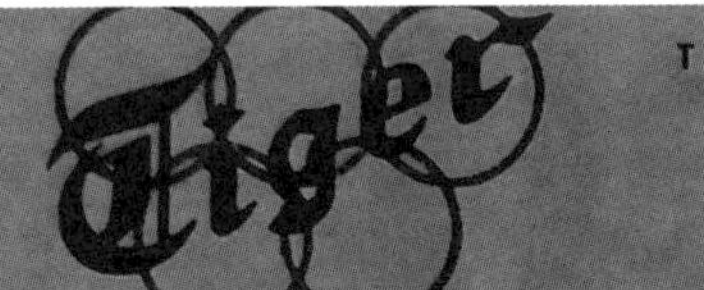

THE SHOES FOR TOMORROW'S RECORDS

LINE UP '67

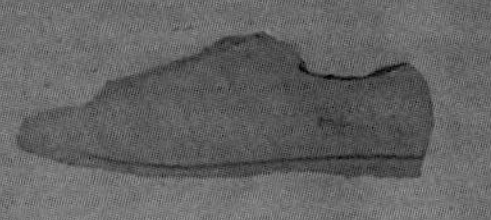

TG-4 "MARATHON" $8.95
The acknowledged master of lightweight racing flats. Worn to 1965, 1966 NCAA cross country team titles, World's fastest ever marathon clocking (2:12:00).

TG4-R "MARATHON" $9.95
Same as TG4, but with blue reverse leather upper for greater strength and comfort. Distinctive new TIGER trim.

TG12 "Magic Runner" $6.95
A canvas marathon shoe! Long the top selling TIGER flat in Australia. Recommended for everyone, from novice to champion. Available by Fall.

TG-22 "ROAD RUNNER" $8.95
The finest training shoe ever made for the long distance runner. Special sponge mid-sole under ball and heel absorbs road shock, reduces fatigue, injuries

TG22-R "ROAD RUNNER" $9.95
Same as TG22, but with blue reverse leather upper for superior comfort. Distinctive new TIGER trim.

TG-24 "AZTEC" $10.95
Another top training shoe for the distance runner. Same special ball-heel cushions as in the TG22, extra durable outer sole.

TG-23 "SIMBA" $10.95
Modeled after the popular German design, the all-new "Simba" provides a very soft sponge sole, comfortable reverse leather upper, and ARCH SUPPORTS.

↑ 1967 年 5 月的广告。原始款的 TG-22 也是在售。广告中也有很多有趣的信息，可供大家进行“运动鞋考古”。TG-22 上的条纹是鬼塚虎之前的旧标识，而井字形的虎纹标识刚诞生不久

无奈之下，AZTEC 被迫再次改名。鲍尔曼和奈特各自考虑了几个替代名字，鲍尔曼专注于希腊词语的衍生；而奈特对阿迪达斯霸占名字的行径赌起气来，心中燃起了要击败这个体育运动巨头的熊熊烈火。在影响力和销售额上击败对手还不现实，于是奈特先从鞋款的名字入手。

奈特非常兴奋地想起了中学时学过的历史："那个把阿兹特克人打得落花流水的西班牙人！"于是这款鞋的第四个名字，也是一直沿用至今的名字，Cortez 诞生了。

Cortez 鞋款的基本设计虽然全部定型了，但鲍尔曼依然在动手改进各种运动鞋。他们开发出来的全长中底迅速成为跑鞋、训练鞋的行业标准。

鲍尔曼格外强调轻盈，他特意做了一次试验，发现不同的用料在最终重量上的差异能多达 90 克，按照他此前的算法，这意味着跑 1 600 米会有 75 千克的负重差别。正是因为对重量的讲究，鲍尔曼用尼龙和麂皮组成了当时世界上最轻的跑鞋材料。约翰逊为这种尼龙材料取名为"Swoosh Fiber"，"swoosh"是一个英文拟声词，意思是"嗖嗖地快速移动"。

为满足约翰逊的销售需求，鬼塚株式会社用这种尼龙材料和全长中底生产了一款名为" Oboris"的马拉松跑鞋，后来更名为"Boston"。它成为 1969 年蓝带体育公司最畅销的鞋款。

到了 1971 年，蓝带体育公司经销的 Cortez 和 Boston，都被《跑者世界》(*Runner's World*)杂志评为最佳比赛用鞋。

→ 埃尔南·科尔特斯（Hernán Cortés，1485—1547）的油画肖像，创作者未知。科尔特斯是西班牙征服者，他与美洲土著结盟，联合摧毁了阿兹特克帝国，曾任第一任和第三任新西班牙总督

↑ 原始款 Oboris

分道扬镳的那一天

再过一年就是 1972 年的慕尼黑奥运会了，鲍尔曼将带领美国国家田径队参赛。然而，就在一切顺风顺水的 1971 年，鬼塚株式会社和蓝带体育公司维持了 7 年的合作关系出现了裂痕。

七年之痒的核心原因有两个。一是在出货方面，蓝带体育公司在销售上做得很好，但鬼塚株式会社期望它卖得更好，而这件事的瓶颈在于蓝带体育公司的融资能力——拿不到足够的贷款就无法大量订货。

二是在制造方面，鬼塚株式会社自身产能不足。1971 年的春天，鬼塚株式会社的代表北见被派驻到美国一段时间，他来到了蓝带体育公司。在会谈中，他对奈特表示鬼塚株式会社仅能自产 1/4 的订单，其他订单都需要外包给日本或中国台湾的其他制造商。蓝带体育公司订购的运动鞋（其中当然包括热销的 Cortez 和 Boston）经常有到货不及时和数量不符合要求等情况。

北见还带来了更坏的消息，鬼塚株式会社想要收购蓝带体育公司 51% 的股权。眼见自己打拼出来的江山有变色的风险，奈特用了自己多少也会感到羞愧的一招，他趁着北见不在场的时候，偷偷打开了北见的公文包，并发现了一份列有美国 18 家运动鞋经销商的名单，以及北见与其中半数经销商预约见面的日程安排。

奈特明白，鬼塚株式会社希望能把代理权分散开，而不是只把它交给自己。如果这个计划奏效，那众多经销商就能明显加大出货量，并且不会产生更强的议价能力。这个商业计划中的唯一牺牲品就是自己的公司。

一方面，奈特尽可能安抚鬼塚株式会社，反复表示自己是这家日本公司的最佳伙伴，是与它并肩战斗且久经考验的利益共同体；另一方面，奈特考虑到自己可能会被主供应商抛弃，于是开启了 B 计划：创建属于自己的品牌。

他创建自有品牌事业的第一步，就是找到了位于墨西哥的一家工厂，下单了 3 000 双英式足球鞋，准备在市场上作为足球和美式橄榄球两用鞋出售。对于这款鞋要用什么品牌名称，蓝带体育公司的员工争论了好久。

在马上要印制包含品牌名的鞋盒的前一天晚上，他们最终选定公司第一个全职员工约翰逊梦到的一个名字，结束了争论，那就是“Nike”。在约翰逊的解释中，这个名字的发音是“naɪki”。奈特想起了环球旅行中令自己深深叹服的古希腊神庙以及胜利女神，“Nike”就是女神的名字，它有一个很吉祥的寓意。

有了品牌名，后面就是标识设计的问题了。奈特花了 35 美元，从波特兰州立大学的女学生卡罗琳 · 戴维森（Carolyn Davidson）手中买下了一个钩子图案的版权。这个图案也用了约翰逊起的名字：Swoosh。

只有一款足球鞋是不够的。很快，奈特和鲍尔曼开始生产属于自己的 Cortez，而且代工厂还是奈特等人在日本找到的，这些举动显然都绕过了鬼塚株式会社。

1972 年 2 月，他们在芝加哥举行的全美体育用品贸易展上推出了耐克 Cortez。可想而知，这款鞋就是把鬼塚虎 Cortez 的虎纹换成钩子的版本。毫不奇怪，这在市场上引起了混淆。

蓝带体育公司明面上还是一家经销商。不过，鬼塚株式会社很快就掌握了这些新情况。北见甚至要了点儿花招，闯进蓝带体育公司的仓库，看到了许多耐克品牌的存货，其中就包括耐克版的 Cortez。

蓝带体育公司不惜冒着与鬼塚虎株式会社迅速决裂的风险着急推出产品，是因为慕尼黑奥运会近在眼前。人们在看到鲍尔曼带领的美国国家田径队队员穿着这款鞋后，难免会想买一双。

北见再次来到俄勒冈州的蓝带体育公司，借着催货款账单向该公司施压，同时声称该公司生产的耐克鞋违反了双方的合同条款。双方最终不欢而散，在分道扬镳难以避免的关口，34 岁的年轻创业者奈特在办公室里向所有在场的近 40 名员工发表了“独立宣言”：

> 现在就是我们等待已久的时机，属于我们的时机。不再销售别人的品牌，不再为别人打工，鬼塚已经压制我们好多年了。他们供货延迟，订单混乱，拒绝听取和实施我们的设计方案，我们不是都受够了这些吗？是时候面对现实了：我们的成功或失败都要按我们自己的规矩和想法来，用自己的品牌来创造。我们去年的销售额是 200 万美元……每毛钱都和鬼塚没有关系，这个数字是对我们的创新和努力的回报。我们不要把这次看成是危机，要把它当作解放，今天就是我们的独立日。

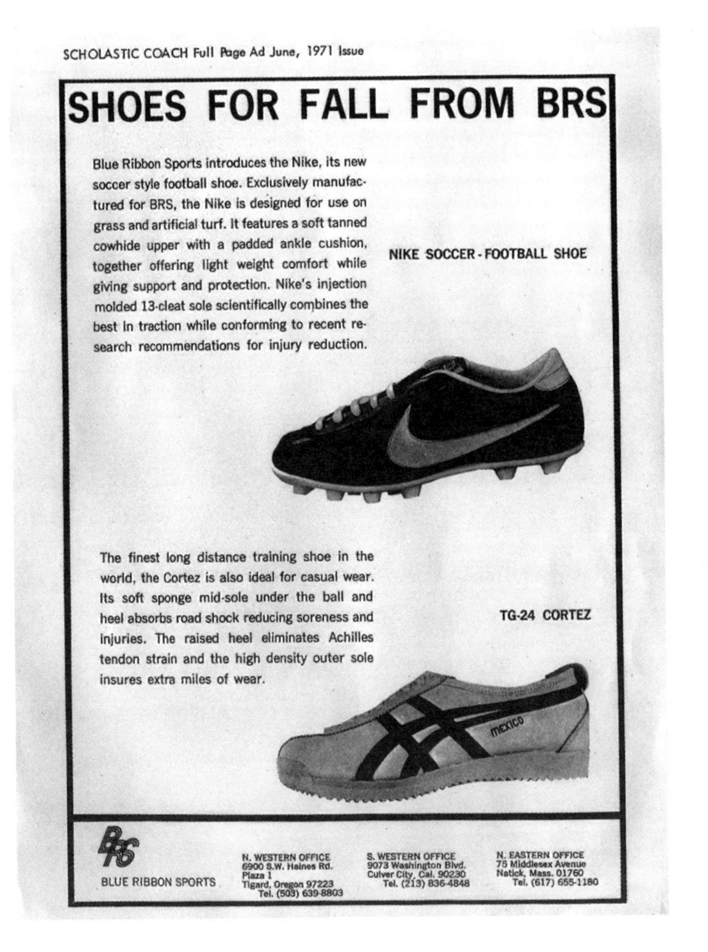

← 1971 年 6 月，蓝带体育公司的广告。整版广告很有趣，蓝带体育公司声称新锐品牌耐克生产的运动鞋目前由自己独家销售，仿佛这是两家毫不相关的公司。
耐克的足球和美式橄榄球两用鞋（上）是最早使用 Swoosh 标识的鞋款，只不过当时的标识比今天的“肥胖”一些。而知名的鬼塚虎 Cortez 鞋款（下），其侧面依旧保留着“MEXICO”的印记

→ 1973 年，耐克 Cortez 的广告。我们可以看到鞋底图案以及广告上利用鲍尔曼教练所做的背书和营销

耐克的独立战争

1972 年 5 月 1 日，鬼塚株式会社正式发出通知，它将停止向蓝带体育公司供应任何虎牌运动鞋。两家公司很快分别以违约为由起诉对方。根据司法管辖权，这是一件“各回各家各找各妈”的事情，鬼塚株式会社在日本起诉蓝带体育公司，而后者在美国俄勒冈起诉前者。

他们都在寻求生产和销售 Cortez、Boston 等鞋型的独家权利。打官司往往需要较长的过程，而利润就在眼前。在判决结果出来前，呈现在商人们眼前的是伴随慕尼黑奥运会喷涌而出的利润。不出奈特所料，当公众注意到美国国家田径队运动员穿着耐克 Cortez 后，这款鞋的需求量立即井喷。这款鞋发布的第一年，其销售额就达到了 80 万美元，这在当时是了不起的数字。蓝带体育公司也在此时正式改名为耐克。

到了 1974 年春天，这起商业官司才有了结果。

耐克聘请的律师团队中有一位年轻的律师，名叫罗布 · 斯特拉瑟（Rob Strasser），他刚刚从加州大学伯克利分校毕业不久，还没有多少实际经验。他是俄勒冈州本地人，身高 1.9 米，体重 125 公斤，肩膀很宽，留着浓密的金红色胡子。

奈特和耐克公司在法庭上的形势非常不利。鬼塚株式会社的首席律师韦恩 · 希利亚德（Wayne Hilliard）甚至挖出了奈特早年进行环球访问时撒下的一个小小谎言：

> 菲尔·奈特 1962 年去日本，假装自己有一家叫蓝带的公司，然后通过诡计、窃取、间谍等各种恶劣行为来维持他的骗局。

只有年轻的斯特拉瑟始终表示，“这场官司我们赢定了”。受到这种气场的感召，奈特把这名年轻律师拉入了自己的公司。在后来十几年里发生的事情证明，这是一次极为成功的招聘。

4 月 14 日，最终结果出来了。主审法官认为耐克一方叙述的故事更可信，而日方的北见作证时在关键问题上撒的谎使鬼塚株式会社失去了原本的巨大优势。因此，耐克被裁定拥有约翰逊参与设计的 Boston 和鲍尔曼设计的 Cortez 的所有权利。

↑ 耐克 Cortez 与鬼塚虎 Corsair

在 1976 年的美国独立日那一天，鬼塚株式会社在美国司法体系的上诉也被驳回。不过鬼塚株式会社也不是一无所得，他们保留了使用虎纹的 Cortez 鞋款的生产和销售权利，这款鞋于是有了第五个名字：TIGER CORSAIR（俗称鬼塚虎海盗）。

这场判决创造了一个奇迹，鲍尔曼的设计作品成为至今唯一一款在两家鞋业公司都畅销的鞋款。

跑吧，阿甘

耐克作为一个新品牌卖得不错，在其诞生的 20 世纪 70 年代，还有一件发生于美国大众文化领域的事情，助推了耐克 Cortez 的销售和这家公司的成长。

当时有一部流行的电视剧《霹雳娇娃》(*Charlie's Angels*)，它是中国“80 后”“90 后”更熟悉的电影版《霹雳娇娃》的先驱。这部电视剧的一集中有这样一幕：饰演私家侦探职员的法拉·福西特（Farrah Fawcett），穿着专为女性设计的耐克 Señorita Cortez，利落地跳上滑板，躲避坏人。演员福西特是当时美国的全民偶像。

→ 电视剧版《霹雳娇娃》剧照。该剧第一季于 1976 年播出。脚踏 Cortez 的福西特引领了那个年代的时尚潮流

几乎每个看过这部电视剧的女孩都想要一双福西特同款，她们像那些运动鞋男性爱好者一样，频频冒出一句口头禅：“这鞋你从哪里买到的？”

然而，到了耐克飞黄腾达的 20 世纪 80 年代，关于耐克 Cortez 的消息开始变得有些负面，这倒不是因为其做工变差或有营销丑闻，而是仅仅因为一个臭名昭著的团体选择了它作为制服，他们就是来自洛杉矶的 MS-13 黑帮。这个曾犯下诸多暴行甚至凶杀罪的国际性犯罪组织非常喜欢耐克 Cortez，这款鞋加上卡其色的裤子和他们背后的文身，都是他们对组织表示忠诚的方式。

直到 1994 年《阿甘正传》上映，这款鞋在大众中的声誉才得以修复。

这部电影的影响力如此之大，以至于这款鞋前面所有的名字都被“阿甘”的光辉遮盖住了。自此，人们称它为“阿甘鞋”。

↑ 影片开场，一根羽毛飘啊飘，最终轻轻落在了男主角阿甘所穿的耐克鞋上。当时他正坐在汽车站的座椅上。这双耐克 Cortez 是他能长跑的关键

↑ 这是电影史上最著名的一款运动鞋，而这部电影也被称为产品植入的教科书。耐克 Cortez 是阿甘的灵魂伴侣珍妮送给他的礼物，这双鞋开启了阿甘的跑步旅程，让他能够在三年内跑遍整个美国。在电影中，阿甘也说："这是任何人都能给我的最好的礼物！"

“只剩我们前行”

耐克诞生的 1972 年，美国国家田径队教练鲍尔曼的处境并不是特别好。当年慕尼黑奥运会上发生了“慕尼黑惨案”，有 11 名以色列犹太运动员惨遭恐怖分子杀害。鲍尔曼作为亲历者，还联系了美国在当地的海军陆战队，试图解救运动员。不过，无论如何，目击惨案都是一种巨大的精神刺激。

回国后没多久，鲍尔曼就选择了退休，他和妻子芭芭拉一起投身于慈善事业，为体育项目、学校和艺术提供资助。1975 年，鲍尔曼最引以为豪的学生，传奇运动员史蒂夫 · 普雷方丹（Steve Prefontaine）因车祸去世，年仅 24 岁。鲍尔曼深受打击，之后辞去了在耐克的工作，并把所持股份大部分低价转让给了奈特。

幸运的是，鲍尔曼在人生最后的 20 年里，在芭芭拉的陪伴下过得很平静。1999 年圣诞节前夕，他在睡梦中去世，享年 88 岁。鲍尔曼是一名有着传奇经历的制鞋匠，他曾说过，一双好鞋必须具备三个特点：轻盈、舒适，能够走得远。他开发的耐克 Cortez 和鬼塚虎 Corsair 完美地具备了这些特点，并奠定了耐克的基因：跑步。

鲍尔曼的创新精神凝结在他的每一次试验和每一双鞋上，也流淌在他教导过的每一个运动员的血液里，其中也包括奈特。鲍尔曼常念叨的一句话，成了奈特的座右铭：懦夫从不启程，弱者死于路中，只剩我们前行。

← 1970 年 6 月 6 日，比尔 · 鲍尔曼教练和他的爱将普雷方丹赢得一场比赛后拍摄的照片。鲍尔曼是一位不苟言笑的教练，他很少会对别人流露出照片中那样的表情。可想而知，普雷方丹的英年早逝对他的打击有多么大

懦夫从不启程，
弱者死于路中，
只剩我们前行。

The cowards
never started and
the weak died along the way.
That leaves us.

NIKE AIR FORCE 1

耐克 AF1

文化鼻祖的关键素质

1982 年的美国，迈克尔 · 杰克逊的新专辑《颤栗》（*Thriller*）雄霸音乐榜榜首，一部讲述纯真友谊的影片《 E.T. 外星人》（E.T. The Extra-Terrestrial）正在院线热映。

这一年，耐克发布了 Air Force 1（简称 AF1）。后来的历史证明，这款鞋的出现是体育和球鞋文化的转折点。

气垫！力量！第一款！

“Air Force 1”这个名字看上去是对美国总统专机“空军一号”的致敬，但拆解来看，实则是巧妙的双关语营销。它是第一款使用 Nike Air 技术的篮球鞋。

说 Nike Air 技术是航空航天科技成果并不过分。1977 年，美国国家航空航天局（NASA）前航空工程师弗兰克 · 鲁迪（M. Frank Rudy），开发出了一种“气垫”。这种“气垫”基于坚韧、可塑性极佳的聚氨酯塑料，包裹着加压的惰性气体，是一种理想的缓冲系统。

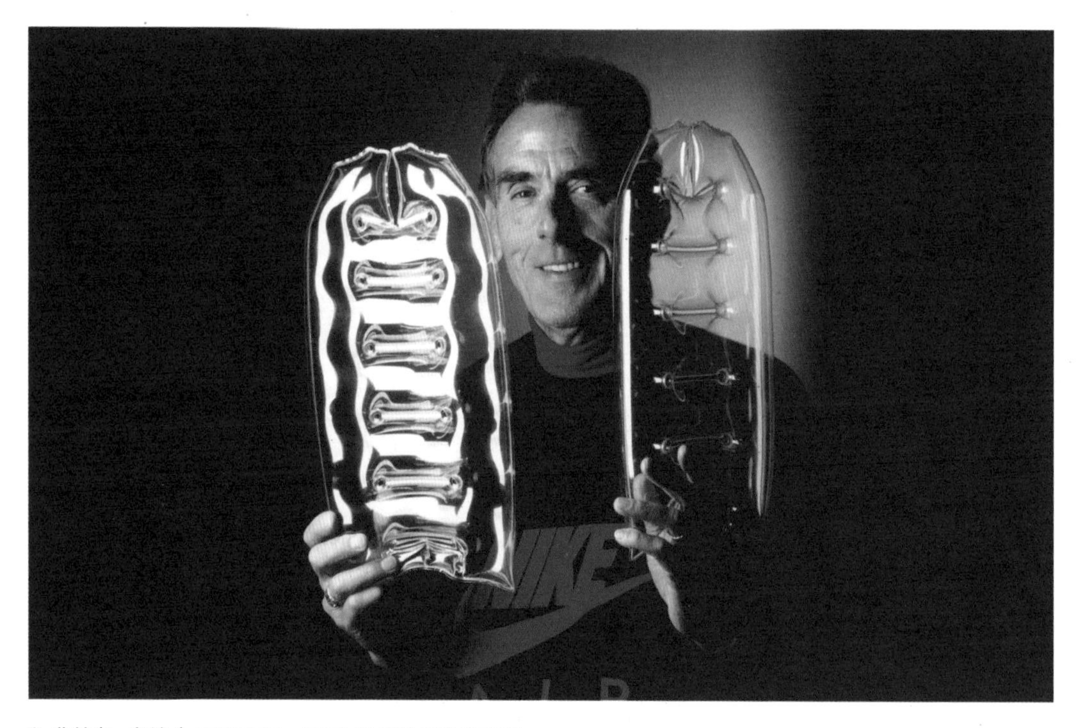

↑ 弗兰克 · 鲁迪（1925.1.24—2009.12.13）和他的专利

已经失业了的鲁迪认为，自己的这个专利发明最适用于运动鞋。不过，“气垫”鞋底技术的推广并不顺利，包括阿迪达斯在内的各大体育运动厂商都不看好它。在与耐克创始人菲尔 · 奈特的会议结束后，鲁迪把带来的气垫鞋垫装入了奈特的运动鞋。这位前运动员下楼跑了近 10 公里，在跑步过程中，奈特觉得自己确实像是腾空了一样，于是他拍板合作：耐克每卖出一双应用了气垫技术的鞋，鲁迪就能得到近 20 美分的分红。

1978 年底，第一款应用 Nike Air 技术的鞋问世了，这是一款名为“Tailwind”的跑鞋。跑步是耐克的基础，也是它经验最丰富的领域。创始人奈特和鲍尔曼，一个是中长跑运动员，一个是长跑教练，而公司最早的业务就是经销鬼塚虎的训练鞋和跑鞋。

↑ Tailwind 跑鞋。第一代产品存在一个致命的设计缺陷：涂着银色油漆的金属碎片会与鞋面摩擦，在使用中会逐渐将纤维切片、撕碎。所以，这款产品上市不久后，耐克就召回了它

但是，篮球鞋是另一回事。

跑步和篮球这两项运动完全不同，对鞋的要求也不同。从鞋的“视角”来看，跑步是从脚跟到脚趾的直线运动，相对简单一些；而篮球运动中鞋底会有更多的受力点，人会重重地落地，突然跳跃、启动和急停，并且方向、力度和速度都非常多元。

正如鬼塚喜八郎的创业故事所展示的那样，制造一双好的篮球鞋很不容易。Nike Air 技术或许是耐克进军篮球鞋领域的秘密武器，但无论怎样它都只是一个加分项，更重要的问题是耐克需要跨过门槛。

资深设计师的篮球鞋处女作

Tailwind 推出后不久，奈特责成公司的资深设计师布鲁斯 · 基尔戈尔（Bruce Kilgore）制作出了耐克的第一款篮球鞋。基尔戈尔是名老员工。他曾设计出耐克历史上一些最成功的跑鞋款型。奈特建议他跳出原先的框架，并授予他自由发挥的权力。

↑ 出席 AF1 诞生 25 周年庆典的设计师布鲁斯 · 基尔戈尔

当时，耐克已有丰富的产品设计库可供参考，其中有一款发布不久、名为“Approach ”的登山靴吸引了基尔戈尔的注意。这款登山靴是为了应对真实世界中千变万化的地形而设计的，具有很棒的稳定性。整体来看，这款有着厚实鞋底的登山靴比跑鞋更接近篮球鞋该有的样子。

基尔戈尔借鉴了 Approach 登山靴的鞋垫和中底设计。鞋底前低后高，轻微倾斜，这种设计为脚提供了稳固的支撑，同时增强了穿着者的灵活性。在鞋底里，基尔戈尔又融入了 Nike Air 技术，以进一步增强鞋底的灵活性、弹性和耐用性，同时还达成了鞋子减重的目的，使鞋子获得了轻便和独特的属性。

对于大底，基尔戈尔想做出完全不同的东西。当时大多数欧美厂商的篮球鞋大底都坚持采用鲱骨式图案，这是 20 世纪 60 年代初期阿迪达斯在 Superstar 上开创的设计。

这样的设计在 60 年代还算不错，但随着篮球运动的发展，这种鞋越来越不利于篮球运动员在激烈的对抗中频繁转身，尤其不利于中枢脚转身，也就是球员的一只脚（中枢脚）保持不动，另一只脚做圆弧状机动或干脆转身，这样的战术动作不会被视为走步，在对抗中很有用。

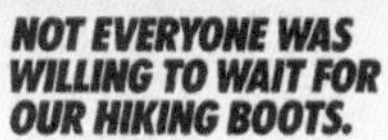

→ 1981 年发布的 Approach 登山靴广告（下中），请注意照片中登山靴大底的图案

显然，鲱骨式图案提供的抓地力限制了球员运动的方向。基尔戈尔对此设计出嵌套的同心圆图案，提供了在任意方向上都足够的抓地力。

设计完整个鞋底后，基尔戈尔还为这款篮球鞋的鞋面带来了以下设计元素：可调松紧的鞋带、脚踝部的搭扣带以及高帮。没错，1982 年的初始版篮球鞋只有高帮款。

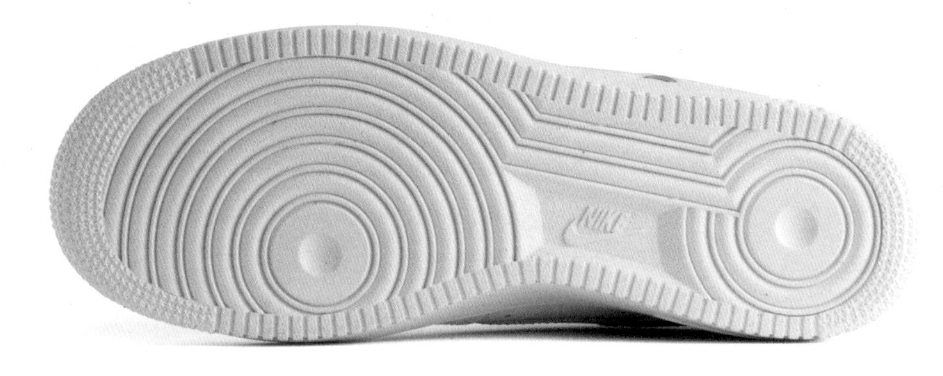

↑ 同心圆大底图案是 AF1 的标志之一

“穿上你就知道它是对的”

克服了制造上的难点后，AF1 球鞋样品在公司内外接受了广泛的穿着测试。

在第一批试穿者中，有一个名叫廷克 · 哈特菲尔德（Tinker Hatfield）的年轻人。他刚进入耐克不久，工作任务是为公司设计办公建筑。AF1 的性能震惊了哈特菲尔德，使这位建筑师迅速对本职工作丧失了兴趣，转而全身心投入到运动鞋的设计中。几年后，哈特菲尔德设计出了 Air Jordan 3（简称 AJ3），这款鞋也成了运动鞋历史上的传奇。

重要的反馈来自球员。基尔戈尔和另一名同事一起将球鞋样品装入皮卡车，跑到各个学校，请它们的球员免费试穿。这些球员在比赛结束后要与耐克员工交谈，给出反馈。尽管一些人表示不喜欢脚踝处的带子，但几乎每个人都酷爱这双鞋，很多人甚至违背了试穿约定，拒绝退还样品。

测试大获成功。

基尔戈尔设计的第一款篮球鞋于 1982 年正式投产上市。这款鞋售价 89.95 美元，在当时均价 50 美元左右的一线球鞋中，显得相当昂贵。不过，这款鞋在专业球员中立刻风靡起来。

一年之后，耐克发布了 AF1 的低帮款。这款鞋不止停留在球场上。

↑ 1982 年 AF1 发布，白色鞋底和银灰色钩子是最原始的配色

“耐克，你不懂消费者”

20 世纪 80 年代初，球鞋亚文化刚刚诞生，还没有成熟和普及。大厂商的常规做法是发布一双鞋后卖个两三年，然后用新产品来取代它。

包括 MBA 高才生、崇拜日本文化的大企业家奈特在内，所有运动鞋从业者都认为，没有哪个消费者会想去买数年前的旧款。在 20 世纪 70 年代到 80 年代，运动鞋因科技进步而不断演进。所以择机停产是件好事，能为新产品、新风格和新技术腾出空间。

1984 年，在 AF1 发布 2 年之后，耐克按惯例把它停产了。在篮球鞋方面，耐克的注意力转移到了马上要推出的 AJ1 上。对运动鞋生命力没有概念的厂商高管，显然不是天天接触最终消费者的人。在各种各样的成功故事里，那些掌握商业密码的人往往身处生意第一线，他们清楚消费者的需求。

正是在 AF1 发售后的那 10 年里，有些人用违法手段发家致富了。

因为他们有大量容易赚到的快钱可以挥霍，所以美国街头有了一种新造型：脚上穿着永远崭新的运动鞋，开着浮夸的大排量汽车，脖子上挂着特大号珠宝。对于这样的画面，AF1 的定价策略亦有贡献。这种文化符号的演进和攀比竞赛迅速进入了良性循环：脚上的鞋既要一直崭新，又要经常变换花样。

↑ 耐克为推广 AF1 签下了 6 名 NBA 球星，让他们穿着这款鞋在硬木球场上比赛。图中从左至右分别是：
洛杉矶湖人队的迈克尔 · 库珀（Michael Cooper）
费城 76 人队的摩西 · 马龙（Moses Malone）
波特兰开拓者队的卡尔文 · 纳特（Calvin Natt）
洛杉矶湖人队的贾马尔 · 威尔克斯（ Jamaal Wilkes）
费城 76 人队的鲍比 · 琼斯（Bobby Jones）
波特兰开拓者队的迈克尔 · 汤普森（Mychal Thompson）

在美国马里兰州最大的城市巴尔的摩，有两家耐克经销商——灰姑娘鞋业（Cinderella Shoes）和查利 · 鲁多体育（Charley Rudo Sports）。前者的采购员保罗 · 布林肯（Paul Blinken）和后者的老板哈罗德 · 鲁多（Harold Rudo）都非常熟悉消费者需求，他们一致认为，耐克停产一款配色本就不多的球鞋简直是倒行逆施。

当从全国各地搜刮而来的AF1 存货都快卖完之时，他们两人飞往俄勒冈州比弗顿市（Beaverton），来到耐克总部试图说服其重启生产 AF1，并让他们销售全新的拥有独家配色的运动鞋。

耐克提出要求：最低采购量 1 200 双，不可退货，且一切风险自行承担。他们同意了，之后如愿以偿。1986 年，AF1 返场。白底蓝钩和白底棕钩的全新定制产品很快在巴尔的摩售罄。

AF1 卖得太好了，耐克也逐渐提高了每笔订单的最低数量。这两家经销商联合另外一家名为市中心储物室（Downtown Locker Room）的鞋店，组成了“每月一色俱乐部”（Color of the Month Club）。这次，代表着欲壑难填的消费者的俱乐部告诉耐克：他们希望每个月都有全新配色。耐克竟然很配合地答应了。就这样，经销商和耐克做起了一种或许连他们自己都未意识到其真正含义的全新生意。

在这种商业模式中，产品的发布形式和销售方式是革命性的：

- 运动鞋开始从体育领域向时尚领域过渡，它在纯粹的运动产品属性上增添了文化产品属性。
- 任何文化都会自发传承，持久的生命力就建基于此。
- 这是第一次在销售中引入诸多新概念，如“区域独家”“限量产品”“快闪”，以及鞋店和品牌的合作。

事实证明，这种商业模式太成功了。不仅巴尔的摩的消费者买账，而且在这个没有互联网的时代，人们的口口相传让这座城市也成了“运动鞋旅游”（sneaker tourism）胜地。

许多运动鞋爱好者从费城和纽约慕名而来，只为争夺一双限定发售区域的 AF1。当他们穿着新鞋开车返程后，球鞋文化也传播到了其他地方。他们是 AF1 的宣言书、宣传队和播种机。

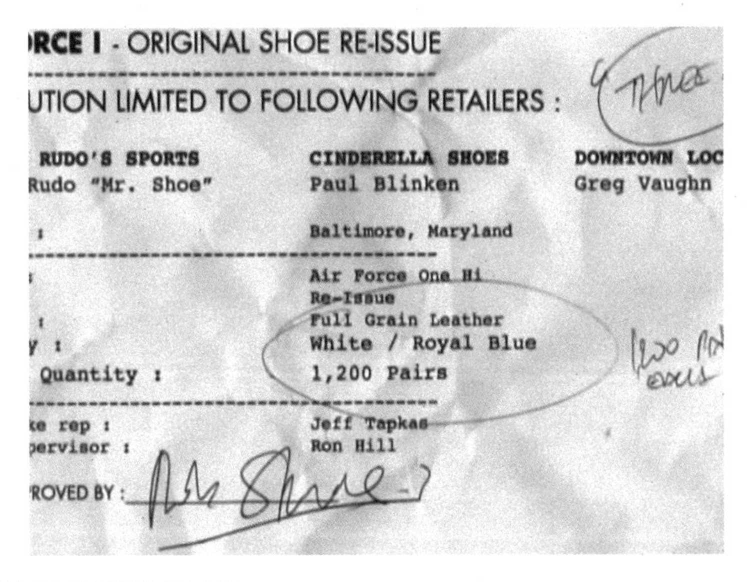

RCE I - ORIGINAL SHOE RE-ISSUE

UTION LIMITED TO FOLLOWING RETAILERS :

RUDO'S SPORTS　CINDERELLA SHOES　DOWNTOWN LOC
Rudo "Mr. Shoe"　Paul Blinken　Greg Vaughn

: Baltimore, Maryland

: Air Force One Hi
Re-Issue
: Full Grain Leather
y : White / Royal Blue
Quantity : 1,200 Pairs

ke rep : Jeff Tapkas
pervisor : Ron Hill

ROVED BY :

↑ 运动鞋爱好者甚至还复刻出了当年的合同

↑ 2001 年，Jay-Z 在 MTV 欧洲音乐大奖颁奖典礼上穿着全白的 AF1

↑ 三家经销商组成的卡特尔联盟是球鞋文化的助产士

一张白纸：文化鼻祖的关键素质

每月一色俱乐部让耐克重新定义了自己的生意。耐克学会了如何管理销售模式：生产各种颜色的限量品。稀缺性会使它们更受欢迎，价格也更昂贵。对许多运动鞋收藏家来说，他们的终极目标是成为穿着某种配色鞋款的唯一一人。

迄今已经拥有 2 000 多种配色的 AF1，每年稳定地为耐克带来超过 8 亿美元的销售额。耐克的官方发言人基俊 · 威尔肯斯（KeJuan Wilkens）说："这款鞋的独特之处在于，不同的颜色让人觉得它是一款完全不同的鞋。"

但这是球鞋文化成熟之后的故事。当这种文化走向成熟时，就意味着它在向主流社会扩散，并且伴随着"绅士化"。最初那一小群巴尔的摩人拯救 AF1 的故事渐渐被人们遗忘。人们印象中最不绅士或者说接近最初拥趸的 AF1 爱好者，是为流行事业做出过颇多贡献的嘻哈歌手。

来自纽约布鲁克林的 Jay-Z，把对全白 AF1 的热爱写进了他的一首歌曲中。

Jay-Z 等一票嘻哈巨星热爱的白底白钩低帮 AF1，是这款鞋型的单品销量之冠，也是运动鞋历史上最畅销的鞋型之一。2005 年，这款低帮鞋问世 20 多年后，还卖出了 1 200 万双。

通体洁白的球鞋能带来显而易见的优雅感。白底白钩的 AF1 和阿迪达斯的小白鞋一样，非常符合最早的男性时尚教皇博 · 布鲁梅尔（Beau Brummell）提出的服饰审美原则“显眼的不显眼”（Conspicuous Inconspicuousness，也可意译为“惹眼的含蓄”）。在他建立的审美原则下，男性应该穿的优雅，但又不能过分显眼。

在“惹眼的含蓄”原则下，有很多具体规范，其中最重要的一条是始终保持整洁。这就意味着严苛的维护——不是指常见的定期洗护，而是出门在外的时候就要时刻注意鞋子上有没有污垢。如果原本雪白的鞋有点脏兮兮的，那穿着者肯定不是真正的鞋迷。

为了追求极致的优雅，真正喜爱 AF1 的运动鞋迷，出门时往往会携带一把专用的牙刷和便携的清洁剂，以便让它保持一尘不染，永远都像从新鞋盒里刚拿出来一样。基于同样的理由，阴雨天成了最令鞋迷厌烦的天气。如果不得不在这种天气出门，那他们一定会在鞋外面套上尼龙材质的抗污鞋套。

大众追随这款低帮鞋，并不是为了炫富。从美学和设计的专业角度来说，AF1 的极简主义往往体现了功能结构在设计上的优先性，剥离了多余的点缀；从穿搭角度来说，摆脱了专业竞技感的低帮更为亲民，而低调、干净、白色等特征决定了它是百搭的；从街头文化角度来说，它是各类艺术家和设计师手中的一张白纸。

↑ “一张白纸没有负担，好写最新最美的文字，好画最新最美的图画”，这句话用在这里再恰当不过

That's the unique thing about the shoe, different colors to some people make it feel like a completely different shoe.

这款鞋的独特之处在于，
不同的颜色
让人觉得它是一款
完全不同的鞋。

KeJuan Wilkens 基俊·威尔肯斯

AF1 的白底白钩低帮款为粉丝、名流和时尚设计师提供了一个宽广的平台，它对颜色的强大接受能力肇始于此，它能让所有人接触它，定义它，重塑它。

AF1 自诞生以来，就被运动、街头、嘻哈文化所接受，至今风行。所有人都赞同，销量巨大的 AF1 是跨越了种族、民族，跨越了性别，跨越了阶层的“万众之鞋”。在它的外观专利过期后的几十年里，几乎全世界的运动鞋厂商都以各种方式“抄袭”过这款经典鞋。

2022 年，AF1 迎来了 40 周岁生日，传奇仍将继续。

“直男”的堡垒和竞技场

运动鞋爱好者始终在追随最新的潮流，对限量版球鞋如数家珍。他们在这方面的占有竞赛和知识竞赛像竞技体育一样从未停止。

竞技体育最迷人的一点是它黑白分明，评判标准极为简单。无论差距多么微小，结果都只有两种：要么是赢家，要么是输家。竞技的胜利是没办法用嘴巴夺来的。参与过竞技体育，哪怕只是学校运动会或球赛的人，都能感受到胜利的喜悦是多么令人满足，多么无可替代。

竞技体育中的胜利彰显着积极、完美、健康的自我形象，也带来了更多的自信和自尊。这种内在特点与雄性动物的气质是完美的搭配。男人之间往往通过共同的活动联结到一起，活动中有竞争因素时更是如此。当然，本来用于体育运动的球鞋，也成了“直男”少有的时尚堡垒，让他们可以展现出对服饰的追求和欲望，就像女性对美和时尚拥有永恒热情那样。

运动鞋爱好者通过他们独有的知识和鞋子占有量联系在一起，而这两者的数量决定了他们在这个群体里的地位。无论是在球鞋文化的起源阶段还是现在，想要成为运动鞋收藏家，必然需要雄厚的社会资本。

想当初，美国东海岸的鞋迷会泡在运动鞋商店里，简直像是要在那里生根发芽，目的就是为了和销售员成为好朋友。他们会央求销售员带他们去各种积满灰尘的旧仓库，发掘老款甚至几乎不为人知的运动鞋。

那时（其实现在也是），相当多的收藏家就是鞋店里的工作人员或老板，尤其是那些独立鞋店主理人。他们有充足的机会接触最新款运动鞋的现货而不只是资讯，并且可以将现货留给或转卖给他们的好朋友。对鞋迷而言，这是一份相当令人羡慕的工作和事业。

正如我们在 AF1 销售故事中看到的那样，在 20 世纪 80 年代，耐克刚刚学会做不一般的运动鞋生意，它不仅复产了 AF1，而且还制定出了最早的地域限定销售策略。在那时，第一时间获取这种信息并迅速行动是鞋迷成为收藏家的关键素养。

互联网的出现和普及，意味着信息大众化。对于想买鞋的人来说，新鞋什么时候发布、在哪儿发布，谁还不知道呢？以往的优势被极大地削弱了。

在这样的背景下，社会资本变得更为重要。如果没有门路，就会出现常见但往往百思不得其解的情况：为什么有些人就能买到，而我已经准备好了钱，却总是买不到？或者，我买的怎么这么贵？

↑ 波士顿街头服饰店 Bodega 的内部陈设，这家高档商店销售的限量版运动鞋价格从 80 美元到数万美元不等。可以说，Bodega 是美国东海岸球鞋文化的重要供应商之一。图片摄于 2006 年 5 月

信息技术普及后，相当大一部分销售迁移到了线上。为了抢到心仪的鞋但缺乏社会资本的狂热鞋迷，采取了我们在春运买火车票或就医挂号时常用的手段——用外挂。占有欲激发好胜心，对男性来说尤其如此。

2019 年，波士顿有一家名为 Bodega 的街头服饰店，为了发售一款限量版 New Balance 997S，在社交媒体上宣传推广了一番，并附上了购物链接，于是该知道的鞋迷都知道了——这是在这个时代做生意的标准流程。考虑到鞋迷的热情，官方限制购物者最多只能买三双——这也是一种惯例。

开售仅仅 10 分钟，所有存货就在网上售罄了。绝大多数已经准备好钱的顾客一双都没抢到，因为 Bodega 的老板杰伊 · 戈登（Jay Gordon）发现，他们要给新泽西州某一栋公寓楼里的很多个地址寄去 200 多双运动鞋。进一步核查后，他们发现，超过六成运动鞋是被自动化的程序抢走的，显然有人用了外挂。

在运动鞋竞赛中，越来越有“内卷”的味道。有两个因素推动了这种局面。一方面，鞋迷的嫉妒心理——“他的鞋比我的更好”，这是令他们不断奋斗的根本动力。另一方面，整个运动鞋产业的发展态势才是造成这种现象的缘由。

当地域限定等策略在新时代失效之后，运动鞋厂商学会了更多制造稀缺性的策略，并通过一系列营销手段来推进。服装时尚行业的运转速度已经非常快了，但没有任何一个领域能像运动鞋这样，每天都有全新款、复古款、限定款、联名款发布和推出。

这其实背离了球鞋亚文化刚刚诞生时的本意。

NIKE AIR JORDAN 1

耐克AJ1

球鞋文化的真正开创者

1984 年的美国热火朝天。

在洛杉矶奥运会上，美国人拿了 83 块金牌；里根总统在大选中赢得了 49 个州的选票；苹果电脑用著名的“1984 广告”传递着“打倒老大哥”的信念；一个 MJ（迈克尔 · 杰克逊）史无前例地获得了 8 项格莱美奖；另一个 MJ（迈克尔 · 乔丹）提前一年肄业离校，参加了当年 6 月的 NBA 选秀。

这一年的耐克过得却很艰难。AF1 按照惯例停产，直到多年后成为经典时人们才会管它叫“OG”（Original）；而在训练鞋和跑鞋市场上，耐克被来自英国的锐步打得节节败退。耐克董事长兼首席执行官奈特在给股东的年度信函中坦承公司陷入困境，他黯然写道：

> 奥威尔是对的：1984 年是艰难的一年。

Swoosh 急需一次成功。

不喜欢耐克的新秀

芝加哥公牛队在选秀中看上了排名第三的乔丹，给了这个 21 岁的肄业生一份 7 年期 600 万美元的合同，价格超过了排名更靠前的新秀。

有眼光就意味着能准确地选中尚未但必将证明自己的人。当年同样看中乔丹的还有 ProServ 体育管理公司的大卫 · 法尔克（David Falk），他后来成为乔丹整个职业生涯中的经纪人。做出同样判断的公司还有耐克和阿迪达斯，不过前者和乔丹的谈判异常艰难，主要原因是乔丹更喜欢匡威和阿迪达斯。

← Swoosh，耐克鞋的标志性钩子

乔丹在北卡罗来纳大学教堂山分校（University of North Carolina at Chapel Hill，简称 UNC）读书期间，更准确地说是打球期间，最常穿的球鞋是匡威 All Star，那是一款历史悠久的传奇球鞋。

匡威在整个 20 世纪 60 年代占据了美国几乎全部的篮球鞋市场。乔丹的教练迪恩 · 史密斯（Dean E. Smith）和匡威就签有长期协议。在 70 年代，All Star 在职业球员市场面临着严重冲击，由于迪恩挖掘和培育了太多有名的球星，所以匡威每年给他 1 万美元，好让他的球员穿上匡威。

但就整个市场而言，匡威即使花了这笔钱也无济于事。阿迪达斯 Superstar 还是后来居上，并且乔丹也挺喜欢这款鞋。

↑ 乔丹和他的传奇教练迪恩 · 史密斯（1931.2.28—2015.2.7）在新闻发布会上的合照。会上，迪恩宣布乔丹将放弃在 UNC 的学业和球赛，转战 NBA。乔丹满面笑容。迪恩在大学队执教 36 年，挖掘和培养了非常多后来在 NBA 大放异彩的球员。当乔丹入选篮球名人堂时，他说道：“如果没有迪恩，你们是不可能有机会看到我打球的。”

↑ 乔丹和迪恩维持着深厚的友情。图为 2007 年 2 月 10 日，他们在乔丹的母校庆祝校篮球队历史荣誉活动上的合影。迪恩培养的球员有 96.6% 都在打球的同时获得了学位（乔丹却不在此列），这项全美纪录至今未破。迪恩还在执教生涯中践行种族平等，推动当地消除种族隔离

↑ 身高 2.18 米的贾巴尔，在李小龙的遗作《死亡游戏》中客串出演巨人武术家。2021 年 4 月 7 日，贾巴尔曾在社交媒体上写道："李小龙是我这辈子最好的朋友之一。在这个世界上，针对亚裔的仇恨没有立足之地！"

那时，乔丹自称“阿迪达斯疯子”(adidas Nuts)。阿迪达斯向新秀乔丹提出了一个价值数十万美元的长期代言合同草案。这笔钱真的不少了。几年前，著名球星贾巴尔和阿迪达斯的球鞋代言合同也只有 4 年总计 10 万美元。

按照乔丹后来的说法，他当时甚至还从没有穿过耐克鞋，只看外形他就觉得耐克的鞋底太厚了，远不如阿迪达斯的球鞋鞋底更轻薄，更能让脚贴近地面。

说服的艺术：叫你家长来一趟

法尔克是开天辟地的第一代职业篮球球星经纪人，他不只是撮合交易，更是在创造交易。

他要求耐克把价格提高到至少等同于阿迪达斯的水平，并且和耐克达成了交易意向：耐克计划推出的球鞋产品线要冠以乔丹之名，而且每卖出一双鞋就要给乔丹分成。这种做法在当时的签名鞋领域是毫无先例的。

接下来要做的是说服乔丹。这并不容易，不过法尔克发现乔丹和父母感情甚笃，于是以此为突破口，很快赢得了他们的信赖。乔丹的父母相信这份合约对作为新秀的儿子来说是闻所未闻的慷慨。

法尔克成功动员了乔丹的母亲德洛丽丝和父亲詹姆斯，让他们亲自把乔丹拉到了位于俄勒冈州的耐克总部。德洛丽丝对乔丹说："你得去听听，你可能还是不喜欢（耐克），但你要去听听。"詹姆斯对乔丹说得更直白："如果你不接受耐克的合约，那你简直就是傻瓜。"

在总部，耐克拿出了一款已经在售的 Air Ship，不过给乔丹的这双是为他全新定制的：它的鞋底较薄，能让乔丹感受到脚下的球场；左脚 13 码（约合中国标准 48 码）、右脚 13.5 码（约合中国标准 49 码），正好符合乔丹的尺寸。

← 2013 年时大卫 · 法尔克的照片

↑ 1984 年 9 月 28 日，乔丹在芝加哥公牛队的第一次训练中穿着定制的 Air Ship，当时他的签名鞋正在设计开发和准备量产的过程中

耐克将围绕乔丹创立公司的第一个签名鞋品牌；合同为期 5 年，每年 50 万美元；每售出一双鞋，还会支付给乔丹特许使用费。乔丹嘱咐耐克公司对新鞋的设计要“与众不同”“令人激动”，之后，交易达成了。

耐克对这个尚未证明自己的新秀的约束是：乔丹必须成为 1984—1985 赛季的 NBA 最佳新秀，要成为全明星，并且前 3 年平均每场比赛要拿到 20 分以上。做不到，就出局。

餐巾纸上的创意

乔丹在球场上迅速证明：耐克的约束标准定得太低了。

事后回望，球风华丽、立即赢得最佳新秀和全明星的乔丹，不仅成了当时全美万众瞩目的超级巨星，还推动了 NBA 走向全球——年轻一代的球迷轻易认为 NBA 的一切都是与生俱来的，意识不到 NBA 在世界篮球中的地位其实很晚才建立起来。

乔丹大战地心引力的同时，耐克正在紧张地设计新鞋。

在之前的会议上，耐克副总裁兼营销总监罗布·斯特拉瑟（还记得这位帮助耐克赢得“独立战争”的律师吗），还有设计总监兼首席设计师彼得·摩尔（Peter Moore），接受了乔丹的经纪人法尔克的提议，将新鞋命名为：Air Jordan 1。

在着手设计和研发 AJ1 之前，耐克已经拥有一款成功的 AF1。对耐克来说，“Air”是应用在鞋底的专利技术，碰巧乔丹因为在空中跃起的高度，在体坛赢得了“空中飞人”的绰号（“空中飞人”在英语中也正是“Air”这个词）。“Air Jordan”此时就有了“飞人乔丹”的意思，在视觉设计上这该怎么体现呢？

两名总监会后结伴出行。在航班上，摩尔注意到空姐胸针上的翅膀造型。他要来了一个。在旁边斯特拉瑟的注视下，摩尔把胸针临摹到了餐巾纸上。不过，他在翅膀中间加了一个篮球。

稍作完善并配上文字之后，就有了一个完整的图案。

任何一款运动鞋上都会有其他鞋子的影子和元素。AJ1 也不例外。摩尔设计它时，参考了已有的篮球鞋 AF1、Air Ship 和耐克 Vandal 运动鞋。这些鞋子的优点“遗传”给了即将诞生的 AJ1。

AJ1 拥有皮革和橡胶组成的基本结构、乔丹反复强调的薄鞋底，以及尼龙材质的鞋舌。所以，说这款鞋的主设计师是摩尔，哈特菲尔德和基尔戈尔也参与了设计毫不为过。

首席设计师摩尔原创的设计除了张开翅膀的篮球标识，还包括这款鞋的单个部件都拥有独特的色块。这一设计风格来自跑鞋，是第一次被引入到篮球鞋上。这一特性也为 AJ1 后来能有很多配色奠定了基础。

耐克之前的配色实在太寡淡了。

← 彼得·摩尔近照。他后来还设计了耐克 Dunk

↑ 张开翅膀的篮球，飞人乔丹，气垫技术……20 世纪 80 年代的耐克营销时喜欢应用双关语、隐喻和联想

“我拒绝魔鬼配色”

AJ1 首先是给芝加哥公牛队的乔丹穿的。公牛队的颜色就是大片的红，少量的白和黑。因此最重要且位列流行前沿的配色分别是：

- 黑白红——主场比赛时穿的黑白红三色鞋，人称“黑脚趾”（Black Toe）。
- 黑红——客场比赛时穿的黑红双色鞋，人称“Bred”。

除了这两种配色外，耐克还为发售准备了另外 11 种配色。无论之后出现了多少种其他配色，其地位都不能与前面这 13 种相提并论。

然而，乔丹看到配色设计方案后非常不开心。他说：“我不穿那双鞋。我会看起来像个小丑。”乔丹之所以有任性的反应，是因为这种黑红配色太接近他大学时期死敌球队的风格了。

↑ 主场比赛用鞋，黑脚趾

↑ 乔丹的死敌球队北卡罗来纳州立大学狼群队的标识

决定与乔丹合作，并且支付了巨额费用的耐克营销总监斯特拉瑟是耐克的头号谈判专家。他向乔丹提出了一个公允的建议：“除非你能让芝加哥公牛队把他们的颜色改成卡罗来纳蓝，否则这将是你的颜色。”

争论终止。

禁鞋传说

1984 年 10 月 18 日，乔丹在与纽约尼克斯队的一场表演赛中穿了一双黑红配色的鞋子上场。看了这场比赛的 NBA 专员大卫 · 斯特恩（David Stern）发现鞋有问题。

那时 NBA 球员要遵守一些着装规则。具体到球鞋，就是必须含有 51% 以上的黑色或白色，其他颜色可以选用球队主色，具体哪种还要依据主客场区分。这就是“51%”规则。20 世纪末，NBA 才放松了一点限制，到了 2018—2019 赛季，颜色限制才完全取消。

由于这双球鞋违反了当时的规定，所以 NBA 执行副总裁拉斯 · 格拉尼克（Russ Granik）于 1985 年 2 月给耐克副总裁斯特拉瑟写了一封信，表示不允许乔丹在球场上穿这双鞋比赛。

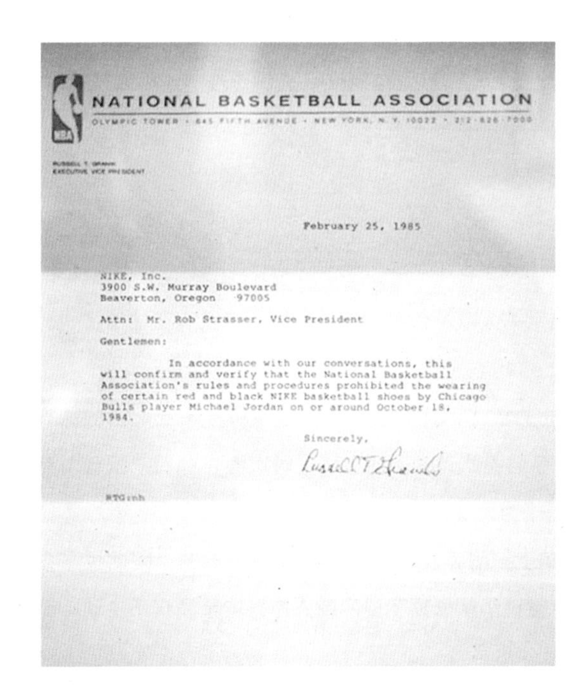

NATIONAL BASKETBALL ASSOCIATION

February 25, 1985

NIKE, Inc.
3900 S.W. Murray Boulevard
Beaverton, Oregon 97005

Attn: Mr. Rob Strasser, Vice President

Gentlemen:

In accordance with our conversations, this will confirm and verify that the National Basketball Association's rules and procedures prohibited the wearing of certain red and black NIKE basketball shoes by Chicago Bulls player Michael Jordan on or around October 18, 1984.

Sincerely,

RTG:nh

← 拉斯 · 格拉尼克写的那封原始信件被 AJ1 系列的收藏家马文 · 巴里亚斯（Marvin Barias）这样的侦探挖了出来

这封信让斯特拉瑟如获至宝。律师出身的他很清楚：

1. 乔丹上一年10月穿的这款违规的鞋是黑红配色的Air Ship，黑色比例确实不到51%。
2. Air Ship和AJ1有直接血缘关系，AJ1的设计研发已经完成，并且马上要在1985年4月1日公开发售了，其中有一款非常接近Air Ship但不完全一样的配色。
3. 在当今（20世纪80年代）的电视画面分辨率下，谁能看出来Air Ship和AJ1的一点点差别？
4. 乔丹那款鞋确实被NBA禁了。我是营销人，我知道什么叫“禁果效应”——越是被禁止的东西，人们越想要得到手。

于是，在斯特拉瑟的带领下，耐克的市场部门找到给苹果做“1984广告”的Chiat/Day公司，火速设计了一则充满暗示的广告，几星期之内就在全国铺天盖地地播放开来。

这则广告是“装腔界的劳斯莱斯”。在广告中，旁白庄重地说道：

> 10月15日，耐克创造了一双革命性篮球鞋。
>
> 10月18日，NBA把它赶出了赛场。

这时，镜头从乔丹健美的长腿上扫过，显露出他脚上黑红配色的Bred，充满磁性的声音继续说道：

> 幸运的是，NBA无法阻止你穿上它。
>
> Air Jordan系列。耐克出品。

耐克营销团队以禁令为宣传工具，暗示这双鞋带给人以不公平的竞争优势，结结实实地揩了“弱势群体”（NBA官方）一把油。

这个营销策略太成功了，它甚至成为一个时代的集体记忆。篮球爱好者不再称黑红配色的AJ1为“Bred”，而是称之为“Banned”（“禁鞋”）。他们还煞有介事地宣称：每次乔丹穿着“禁鞋”参加比赛，耐克就要被罚款5 000美元，但是耐克乐于为此买单。

这个传说有些“皇帝用金扁担”的意味。事实上，耐克发布的Banned是合规的，因此也不会被罚款。对这个显然有利于销售的民间传说，耐克营销团队展现了成熟商人应有的素质：不主动（造谣）、不拒绝（传谣）、不负责（辟谣）。

整个营销案例告诉了我们一个道理：每一个传奇都需要一个起源故事，最好的起源故事可能要有一点虚构的成分。毕竟历史问题，宜粗不宜细。

电视摄像机虽然不够高清，但重要比赛的赛场上是有高端的高清相机的。乔丹在 1985 年的 NBA 全明星扣篮大赛（NBA All-Star Game Slam Dunk Contest）中也穿上了 Banned。这一次出场，让黑红配色烙印在了全球观众的脑海中。

← 直到今天，这仍然是说明乔丹穿着 Bred（也就是 Banned）的最常用照片

翱翔般的营销

在宣传“禁鞋”之前，耐克所做的广告其实都比较克制，比如配合 AF1 发布的平面广告。AF1 发售后，耐克也只是在城市的主城区轻量级地宣传了一下。

可能是因为 1984 年耐克实在不好过，再加上反正赌注都压到了乔丹身上，所以耐克索性孤注一掷了。一个配套的电视广告《起飞》(*Takeoff*) 是这样的：篮球滚向独自站在场上的那个男人。当球到他身边时，他用脚把篮球像足球一样掂起来，用手接住后，开始运球并冲刺。画面变成慢动作，喷气式飞机的声音渐渐从天空中传来。刹那间，他在空中伸出左臂。当他把球投进篮筐时，视角指向天空。此时忽然响起画外音：“谁说人类不能飞翔？”此时，画面上只播放云彩，声音仿佛来自天空之中。

1984 年，乔丹为《生活》(*Life*) 杂志拍摄过一张“飞人”照片。次年，耐克找来了摄影师查克 · 库恩 (Chuck Kuhn)，希望能在芝加哥拍一张类似的照片，以便加强 AJ1 的营销。

几年后，这张照片被做成了简单的剪影，成为每一个球鞋爱好者都知道的“飞人”(Jumpman) 形象，并且被用在了 AJ3 上。

↑ 2021 年 9 月 24 日，美国加利福尼亚州洛杉矶市。刚刚对公众开放的奥斯卡电影博物馆 (Academy Museum of Motion Pictures) 内正在举办展览。著名非裔美国导演斯派克 · 李 (Spike Lee) 的一部分个人收藏也陈列在展览中。他正指向自己最爱的一幅藏品：1985 年由库恩拍摄的乔丹“飞人”海报。
海报上还有乔丹的亲笔签名。2015 年，58 岁的斯派克 · 李被授予奥斯卡终身成就奖。截至目前为止，他是该奖项的最年轻得主。2019 年，他凭借《黑色党徒》在第 91 届奥斯卡金像奖中赢得最佳改编剧本奖

↗ “飞人”标识

Who says man was not meant to fly?

谁说人类不能飞翔?

卖疯卖出圈

在乔丹与耐克的 5 年期合同中，其实还有一个约束条款，即如果 AJ 在 3 年内没有达到 400 万美元销售额，那么耐克有权终止合约。

定价 65 美元的 AJ1 在 1985 年 4 月 1 日上市。耐克的销售预期其实没有合同中的那么低，他们觉得最好前 12 个月卖掉 10 万双，这样公司能脱困，对股东也好交代。

事实上，在耐克天才般的营销、乔丹传奇般的球场表现的加持下，这款鞋的销售额在上市的前 2 个月就达到了 7 000 万美元，前 12 个月总共达到了 1.26 亿美元。不仅如此，篮球鞋销售历史上第一次出现了大量黄牛，他们转手就能以 100 美元的单价轻松出手这款鞋。

如今，一双当年的原版鞋如果品相完好，那可以卖到 3.3 万美元，会被作为纪念品保存。

回望当初，耐克与乔丹签订的天价合同，显得异常超值。自愿的交易本来就是双方都得益，在这笔交易中，乔丹、经纪人、耐克三方的收益都远超预期。

↙ 这双配色最经典的 1985 年原版鞋品相一般，但卖到 4 000 美元以上还是很有可能的

扬眉吐气的奈特在致股东的信中写道："公司已经经营了 22 年，而 1986 年是我们有史以来最好的一年。" 这一年也是 AF1 返场之时。奈特的收获除了公司摆脱困境，还有他从巴尔的摩经销商销售 AF1 的案例中理解到的一个关键点：耐克的商业实质不再是做鞋，而是生产文化。

当时，AJ1 的需求量特别大，各地零售商都恳求耐克多供点货。耐克深刻吸取了定价策略和备货不够大胆的教训，以"人有多大胆，地有多大产"的精神准备了海量的 AJ1。

但出人意料的是，这些鞋滞销了。毫无节制的供应，让这双鞋在某些地区的零售价跌到了 20 美元一双。然而，有时我们不得不感叹"时来天地皆同力"，售价暴跌竟然让 AJ 系列遇到了最好的机遇。

有一群人虽然穷，但在生活方式和趣味方面的追求，不是精致就是别致。他们就是滑板运动爱好者和朋克摇滚乐手。他们一直在寻求比帆布鞋更耐用但一定不要更贵的运动鞋。篮球鞋圈、滑板圈再捎带上摇滚圈，三方汇聚。

这是一次完美的结合。

"破圈"人群把 AJ1 穿在脚上，让这双鞋重获了新生。AJ1 和 AF1 的返场一起哺育出了球鞋文化。

不过，AJ1 很快就被后来繁复的型号淹没，特别是颇具传奇性的 AJ3，并且在一段时间里被遗忘了。

直到乔丹不断退役和复出。

"你退役和复出很多次，我就复古更多次"

AJ1 的上市销售周期只有 1 年多的时间，也就是到 1986 年下半年，随后就被在设计上有所调整的第二代（1986 年 11 月发布）、第三代（1988 年发布）所取代。这个系列和乔丹的职业生涯一样，几乎每年都能带给我们惊喜。

1993 年 10 月，乔丹突然宣布退役。这个时候 AJ 系列已经发布到了第 9 代。"我对篮球失去热情了。" 作为公认的最无争议的"史上最伟大"球员，乔丹对全世界感到震惊的粉丝说道，"赛场上已没有我想追求的事物了。"

这句话绝对属实，乔丹已经造就了球场上的各种传奇。无论再有怎样的创举，对乔丹而言边际效益都太低了。按照乔丹 1998 年出版的自传《为了我深爱的运动》（*For the Love of the Game: My Story*）里的描述，他其实在 1992 年夏天就已萌生了退役的念头，疲倦、作为公众人物的压力、负面新闻的病毒式传播，都是他选择离场的原因，而压死骆驼的最后一根稻草，是他父亲的不幸罹难。

1993 年 7 月的某一天，乔丹的父亲詹姆斯在前往北卡罗来纳州兰伯顿（Lumberton）的一个高速路休息区惨遭两名青少年杀害，并被抛尸荒野，遗体直到十多天后才被发现。

↑ “感谢滞销，我们也穿得起‘AJ’了。”——滑板人

乔丹的父亲对待工作一丝不苟且十分勤奋，对乔丹的影响很大——乔丹标志性的吐舌动作甚至都来自他父亲。值得一提的是，当时在乔丹父亲的葬礼上，耐克创始人奈特被安排到了第一排座位上。

1994 年 11 月 1 日，在 AJ 系列已经发布到第 10 代之际，芝加哥公牛队在芝加哥联合中心球馆为乔丹和他的 23 号战袍举办了盛大的退役仪式。乔丹和他的三个孩子一起拉动绳索，将 23 号球衣缓缓升起，悬挂在了球馆的天花板上。

乔丹正式退役那年，还发生了两件事。第一件事令乔丹所有的球迷都感到困惑。乔丹不打篮球，却也没有休息，而是与美国职业棒球小联盟 (Minor League Baseball，简称 MiLB）2A 球队伯明翰男爵签约，开始了短暂的棒球职业生涯。2A 是美国职业棒球小联盟的球队等级之一，3A 为最高等级。

↑ 乔丹喜欢 23 这个数字，他在北卡罗来纳大学球队和芝加哥公牛队打球时都穿着 23 号球衣

第二件事令所有体育用品厂商和篮球鞋爱好者感到困惑，那就是 AJ1 的复出。这是耐克的第一款复古鞋。和现在常有不同复古鞋问世的情况不同，在20世纪90年代中期，这是一个全新的商业尝试。

定价 80 美元的复古款 AJ1 卖得并不好，毕竟这是一款已经停售了近 10 年的鞋。怀旧情绪尚未开始，传奇积淀也需要一段时间。与此同时，在赛场上，失去了乔丹的芝加哥公牛队表现一落千丈。

1995 年 3 月 18 日，乔丹正式宣布复出。在简短的新闻发布会上，他说了很简短的一句话："我回来了。"（I'm back.）时任美国总统比尔 · 克林顿甚至兴奋地表示乔丹的回归会为美国增加 1 000 万个就业岗位。世界再次为乔丹沸腾。

复出的乔丹变得更加强大，他对球队的领导力展现了出来，并多次在比赛中力挽狂澜。1997 年，Jordan 品牌成为耐克旗下独立的子公司。

在 1997—1998 赛季的 NBA 总决赛中，乔丹在对阵犹他爵士队的第六场比赛中造就了 NBA 史上最伟大、最经典、最传奇且最戏剧化的逆转表演"最后一投"（The Last Shot）。

凭借这个表演，芝加哥公牛队获得了第二次三连冠。乔丹也为自己在芝加哥公牛队的职业生涯画上了圆满的句号。1999 年 1 月 13 日，乔丹再次宣布退役，公牛王朝自此终结。次年，乔丹作为华盛顿奇才队的球队管理人员，重新站在了篮球场边。

2001 年，为了帮助华盛顿奇才队咸鱼翻身，38 岁高龄的乔丹在"9·11"事件后宣布再度复出，并将自己象征性的（但也不少的）200 万美元工资捐给了受难者家庭。高龄的乔丹在球场上依然具有统治力。2003 年 4 月 16 日，40 岁的乔丹打了职业生涯的最后一场比赛，当他最终下场时，所有人为他起立鼓掌达 3 分钟之久。

正是在 2001—2003 年这段时间，复古第一次成为时尚潮流。乘着这一东风的，有 2002 年的鬼塚虎 Mexico 66，有销量 4 年增长 17 倍的复古球衣制造商米切尔和奈斯（Mitchell & Ness）。这股潮流的制造者，是 2001 年第二度推出的复古 AJ1，并且一下子有 7 种配色。

这款复古鞋和乔丹复出的时间线一致。乔丹在 2003 年彻底退役后，AJ1 在 2004 年并未再推出。

像洪水一般永远地回来了

直到 2007 年，AJ1 彻底回来了。

那年4月，AJ1系列有了两款新的复古鞋，分别叫“Old Love”（旧爱）和“New Love”（新欢）。旧爱是芝加哥公牛队作为主队时穿的那款黑脚趾，新欢则是黑黄配色的全新款。截至那时，AJ1 在 22 年的历史中很少有新的配色，不过，配色的洪水即将决堤。

时至今日，可能只有顶级的球鞋研究专家和篮球鞋狂热爱好者才能说清楚 AJ1 具体有多少配色和合作款。

2019 年，Jordan 品牌有史以来第一次季度收入超过 10 亿美元，这是一个重要的里程碑。2020 年，10 集乔丹纪录片《最后的舞动》（*The Last Dance*）上映，进一步促动了人们对 AJ1 的需求。

AJ1 和乔丹本人一样，都是火速成名并且经久流传的典范。它是史上最伟大的篮球运动员的第一款签名鞋，是永远改变了球鞋文化的篮球鞋，是不断唤起怀旧情绪的经典之作。

↑ 2011 年版的“禁鞋”，也就是 Bred 配色的 AJ1。它是迄今为止最著名的复古版。这款鞋选用了非常好的皮革，手感极佳，这也是它售价高昂的原因

↑ 这只是一小部分配色而已

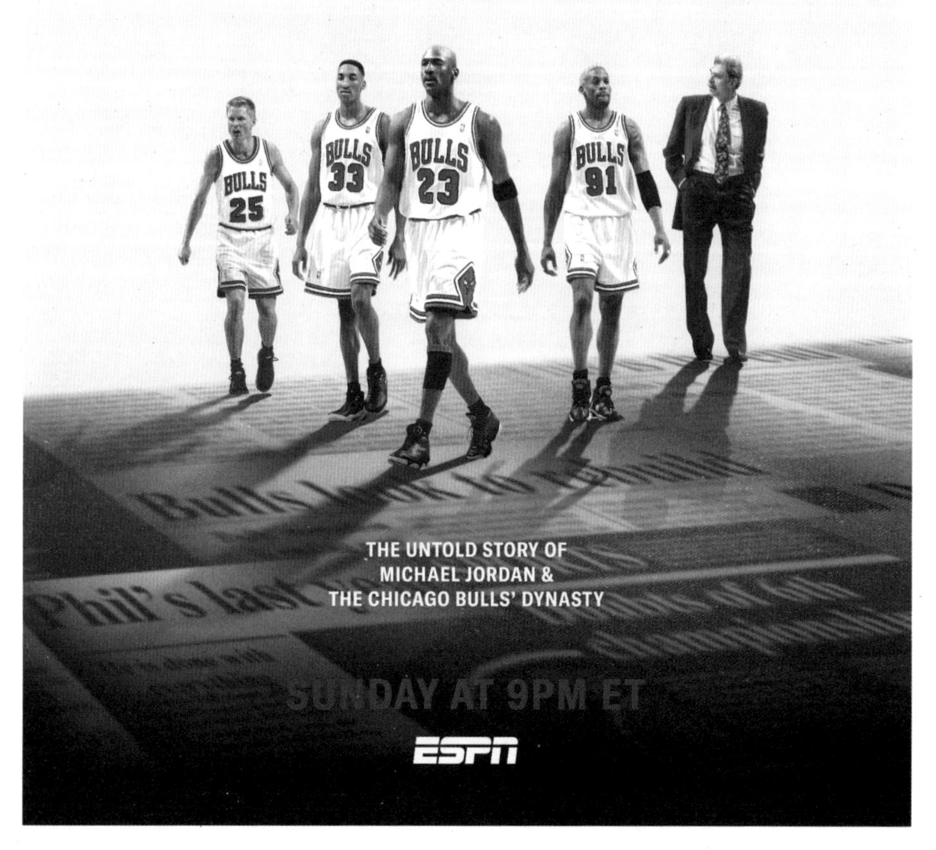
THE LEGENDS.
THE TRUTH.
THE LAST DANCE
A 10-PART DOCUMENTARY EVENT
BULLS 25
BULLS 33
BULLS 23
BULLS 91
THE UNTOLD STORY OF
MICHAEL JORDAN &
THE CHICAGO BULLS' DYNASTY
SUNDAY AT 9PM ET
ESPN

↑《最后的舞动》海报

NIKE DUNK

耐克Dunk

了解滑板文化

美国最闪耀的45位歌手发起了“美国援非”慈善活动，一起唱着由迈克尔·杰克逊和莱昂纳尔·里奇共同谱写的《天下一家》，援助非洲24国近2亿饥民。

这是1985年的世界。战争与革命渐渐远离，爱与和平登上舞台。精力旺盛、好斗的年轻人有了更好的出路——踏上硬木地板铺就的篮球场。

意大利裔鞋狗与大学篮球

感谢迈克尔·乔丹让篮球运动迎来了高潮。对梦想成为职业球员或拿到体育类奖学金去读好大学的中学生来说，NCAA（National Collegiate Athletic Association, 美国大学体育协会）男篮锦标赛甚至比NBA更值得关注。

有线电视网络将大学篮球比赛传送进了全美各地的家庭中，使这一赛事的影响力达到了新高度。耐克需要把自己的品牌和产品打入这一细分市场，但高校市场有一点特殊之处，那就是球员往往不能自主选择想穿的运动鞋。就像乔丹在大学期间必须穿着匡威篮球鞋那样，球队教练有权与公司签订合作合同，让其麾下的球员穿上公司提供的鞋子。

所以，要想打入这一市场，就需要在各个高校的篮球教练那里有广泛的人脉。耐克无意间得到了这样的一位人才，或者准确地说，是一位“鞋狗”（Shoe Dog）。鞋狗是什么人？是阿道夫·“阿迪”·达斯勒，是鬼塚喜八郎，是克里斯·塞文，是菲尔·奈特，还有奈特的教练和创业合伙人比尔·鲍尔曼。奈特在《鞋狗》中对此的定义是：

> 鞋狗就是那些全身心投入其中，努力制造、销售、购买或设计鞋子的人。一辈子从事这个行业的人会乐于使用这个词来描述其他终生致力于此的人，他们不论男女都劳心劳力地为鞋子这一事业奋斗，完全不考虑其他事情。这是一种耗费时间和精力的狂热，一种可以分辨的心理紊乱，他们太过关注内底和外底、线条和贴边、铆钉和鞋面。但我理解这种情绪，普通人一天平均要走7 500步，一生要走2.74亿步，相当于绕着地球走6圈。于我而言，鞋狗只是想要参与大家的这趟旅程，鞋子是他们与人类联系的方式。在鞋狗的观念中，改进每个人与地球表面接触的方式就是优化这种联系方式。

耐克的这位鞋狗是一位鞋子发明家，他叫桑尼·瓦卡罗（Sonny Vaccaro）。他主动找到耐克总部来推销自己的发明——各式各样的鞋子，有些样式堪称滑稽。奈特曾经评价开发出 Nike Air 技术的弗兰克 · 鲁迪是个怪物，因为他的某些行为真的很奇怪，而瓦卡罗无疑更加古怪。

除了各种匪夷所思的鞋子，瓦卡罗更令耐克管理层印象深刻的是其意大利裔的突出特点：身材矮小，体型圆润，眼睛总转个不停，听起来费力的意式美语口音，还有意大利人说话时的惯用手势。于是，坐着大部分耐克高管的会议室里洋溢着欢快的氛围。

奈特断定：他肯定也是个“鞋狗”，而且还是一个“教父式的鞋狗”。

在对耐克管理层的宣讲中，瓦卡罗介绍自己曾在几年前创办了一场高中的全明星比赛——达珀 · 丹经典赛（Dapper Dan Classic），并取得了巨大成功。因此，他和全美各主要大学的篮球教练都很熟悉。奈特大感“得来全不费功夫”，立即雇用了瓦卡罗，安排他和营销总监兼公司副总裁罗布 · 斯特拉瑟立即前往全美各地，攻克大学篮球鞋市场。

一切都非常成功。耐克的两名代表带着被命名为“College Color High”的鞋样，走遍了美国东西海岸。瓦卡罗所言不虚，有影响力的高校球队的教练基本都愿意与耐克合作。

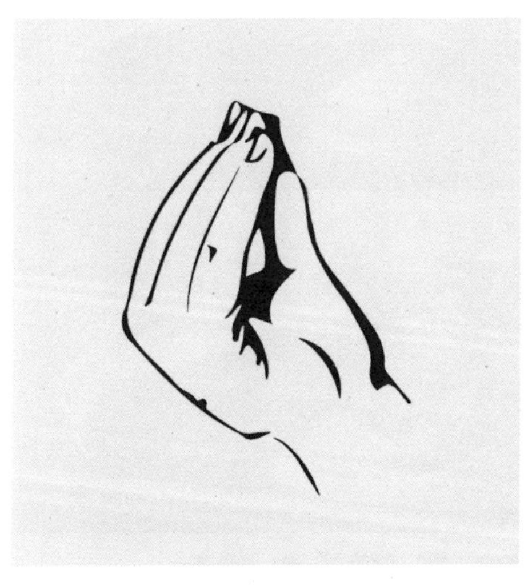

↑ 意大利人的经典手势

↗ 乔丹（左）与瓦卡罗（右）的合影。瓦卡罗是典型的意大利裔长相。在合影之后，他看上去好像随时会端出来一张比萨，或者会去参加黑手党会议

Dunk 的血统

打动教练们的，除了既往关系和丰厚的酬劳，还藏在这款鞋子的名称和设计里。“College”（大学）意味着身份。“Color”意味着专属，每支球队的配色已有很久的传统，经常出现在球衣和吉祥物上，却很少出现在以黑白为主色调的球鞋上（还记得 51% 规则吗），耐克将鞋子的颜色与球队的颜色匹配起来，不仅能让场上球员的搭配更加美观，还能让场外的球迷第一次从头到脚都穿上他们喜欢的球队的装备。“High”意味着这款鞋至少在一开始只有高帮，这是专业球鞋的标配。

正是因为希望球迷用真金白银来支持，所以耐克为这个鞋型制定的广告语就是“忠于母校”（Be True to Your School）。后来，这句话成了这款鞋的代称。

↓ 1985 年原款 Dunk 广告，上面展示了那句知名的广告语。
左下角那双鞋是艾奥瓦大学鹰眼队的配色（黑色 + 金色），金色的 Swoosh 和鞋跟，无其他元素

瓦卡罗谈下来的学校不少。耐克经过甄选，筹划一次性发布 12 款鞋，对应了包括密歇根大学、艾奥瓦大学、内华达大学拉斯维加斯分校、圣约翰大学、雪城大学、肯塔基大学和乔治敦大学等在内的 12 所大学。

1985 年夏天，NBA 全明星扣篮大赛结束后没多久，耐克就推出了这款鞋，最终名称就是“Dunk”（意为灌篮）。

我们曾在 AF1 的故事中说过，“任何一款运动鞋上都会有其他鞋子的影子和元素”，Dunk 尤其如此，它的设计师还是耐克的设计总监兼首席设计师彼得 · 摩尔，所以它的要素来源几乎可以猜得出来。

→ 密歇根大学狼獾队的符号“M”，这支球队在 1989 年获得了 NCAA 男篮锦标赛冠军

↓ Dunk 最初有 12 种配色，这是其中的密歇根大学款，请注意其中的 Swoosh 为黑色，和艾奥瓦大学款的配色不同

Dunk 的轮廓来自 3 年前的兄长 AF1，Dunk 大胆的色块和鞋面设计来自同年发售的 AJ1 的开创性设计——鞋面还另外参考了摩尔设计的另一款鞋 Terminator（意为“终结者”）。

1985 年的耐克打了一场漂亮的翻身仗。无论是 AJ1 还是 Dunk，都取得了异常火爆的销售成绩。这两款鞋也都影响到了同一群人，他们可不只是篮球爱好者。

↑ 同期热销的几款耐克篮球鞋，从中可以看出设计语言的相似性

当耐克了解滑板文化

我们已经知道，AJ1 的过剩和滞销反而促进了它在滑板社区中的流行。师出同门的 Dunk 自然也有这样的潜力，同样是专业的先进篮球鞋，Dunk 能提供很好的侧向支撑、缓冲和抓地体验。这些禀赋是滑板界爱上它的根源。

相比于更廉价的 AJ1，Dunk 在发售之后价格始终保持坚挺。

滑手们不选择 Dunk 并不完全是因为穷，更重要的原因是滑板运动在当时尚属小众文化，滑板青年继承了上一个时代摇滚青年的生态位，以“叛逆”和“反主流”自我标榜。“选一款热销中的鞋？况且还有黄牛在‘炒’，有没有搞错？”看来，Dunk 想要出现在滑板青年的脚上，前提就是它的热潮先要过去，并在大众文化中失宠。

耐克自己对此贡献很大。Dunk 不像 AJ 那样是一个不断推陈出新的系列，也不像 AF 那样有经销商飞到总部强烈要求重开生产线。它就如同绝大多数运动鞋那样，渐渐消失在鞋海中。不过江湖上依然有 Dunk 的传说，许多小店里有来自亚洲并且质量不输原版的仿制鞋，滑板界也欣然接受了它。

随着滑板运动的不断发展，不断寻找新增长点的耐克也想打入这个市场。20 世纪 90 年代中期，耐克做了非常多的尝试，包括设计各种华丽、夸张的鞋型，甚至包括一个名字颇为不雅的鞋型。

但是，这些尝试无一例外都失败了。失败的很大一部分原因在于，耐克根本想象不到，滑板社群的成员各个都是关于运动鞋的专家。

鞋子是联结滑板爱好者和整个世界最重要的纽带，他们太清楚不同的运动鞋会带来多大的差异。赤诚的滑板爱好者会把鞋子折磨到极限，穿着它们磨过滚烫的路面，并对运动鞋整个生命周期内的实际性能了如指掌。

↑ 可以说，滑板爱好者生活在运动鞋里

在滑板社群中，所有成员都知道哪些鞋在哪个生命周期阶段有良好的抓地力，哪些鞋华而不实，这些知识不只是口传智慧，许多刊物上还有关键意见领袖撰写的关于选鞋的文章。滑板界关于运动鞋的共识有以下几点：

- 低帮鞋通常不会限制脚踝的灵活性。
- 高帮鞋为脚部提供了更强的支撑和保护。
- 希望结合以上两点的滑板爱好者，会穿着低帮鞋加配护踝。大多数护踝虽然在一定程度上限制了脚踝的灵活性，但也比穿高帮鞋要好。
- 关于鞋面材料，麂皮比帆布的拉伸性要好得多。麂皮鞋，可能刚开始穿的时候很合适，但它会越穿越宽松，而解决之道就是多穿一双袜子。
- 软橡胶鞋底与硬鞋底各有优势和劣势，要结合自己的滑板偏好技术风格来选择它们。
- 接触滑板面的鞋底花纹越多，抓地力就越强。

在这十年的末尾，耐克经过认真调研滑板市场、学习滑板亚文化，终于顿悟了。它意识到，打入滑板市场的答案原来一直近在眼前，那就是 Dunk 的返场。

少林、武当和返场

Dunk 的返场，不是简单的复刻。耐克充分调研滑板市场的另一个结果，是产品的精进。Dunk 换上了尼龙鞋舌，并做了一些尺寸上的调整，比如轻微地加宽和缩短。这样既满足了滑板运动的多功能要求，又兼顾了鞋的舒适感。1999 年，也就是在 Dunk 的初始版本问世 14 年后，耐克重新发布了“忠于母校”这个系列，一款都没有漏掉，而且还增加了一些新配色。

在返场版本中，有一款特殊版的艾奥瓦大学款 Dunk 尤其引人注目。耐克公司中一个名为德鲁·格里尔（Drew Greer）的员工提出：黑色和金色的配色，正好像是一个著名的嘻哈乐队武当帮（Wu-Tang Clan）的风格。所以，可以在鞋跟处绣上武当帮的标识，把这些特殊款式送给武当帮的成员，以及他们所属演艺公司的管理人员和经纪人。

等等，一个嘻哈团体为什么叫“武当帮”？

乐队取这个名字，是受到了 1983 年中国香港电影《少林与武当》的影响。乐队成员按照电影里的角色派系，划分为武当和少林两派，象征着他们在说唱方面不同的风格。

打入滑板市场的答案
原来一直近在眼前，
那就是 Dunk 的返场。

↑ 武当帮的标识就是鞋跟上那个黑色的标记，你可以对比前面的图片来寻找差异

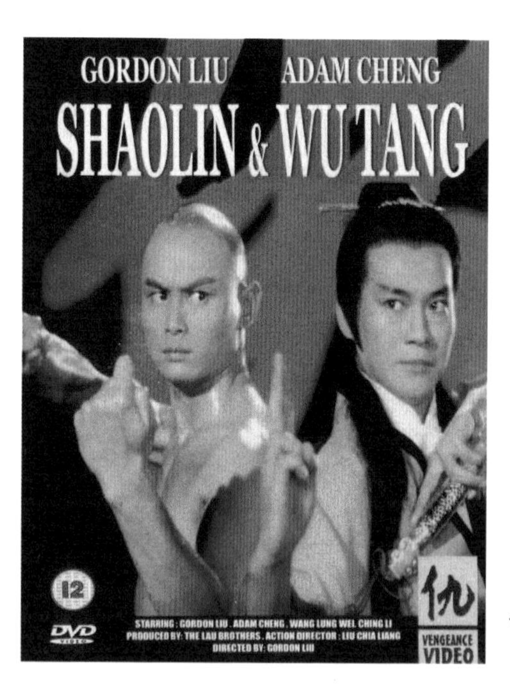

← 这部电影的导演和主演是刘家辉（他属于意图反清复明的少林派），另一位主演是郑少秋（他属于甘为清朝鹰犬的武当派）

为了向发行了 4 张黄金和白金专辑的武当帮致敬，耐克甚至将这款定制鞋的产量限定为仅仅 36 双。因为武当帮在 1993 年发行的首张专辑就叫作《进入武当》(*Enter the Wu-Tang* [36 *Chambers*])，被公认为嘻哈历史上最伟大的专辑之一。

这个举动很平常，只是企业为了维护与关键意见领袖群体的关系，但它无意间开启了真正的炒鞋狂潮。在今天，一款哪怕是真伪难辨的武当帮 Dunk 鞋，售价都超过 2.5 万美元。可以说，它是市场上最有价值、最抢手的灌篮鞋，但前提是你能找到一双。

炒鞋才是好生意

武当帮定制款一经推出，耐克就学会了一种新的商业模式。

如果说是 AF1 的经销商让耐克把生意的定义从运动产品迁移到流行文化领域，那么可以说是 Dunk 的复出让耐克意识到，稀缺性才是把生意从文化领域推进到收藏领域的钥匙。稀缺性可以人为制造，要么限制销售时间，要么限定销售数量，要么限定销售地区，等等——当然还可以随意排列组合。

也正是在 1999 年，Dunk 的低帮款出现在了美国西海岸和太平洋彼岸的日本。这些试验性的 Dunk 分别被命名为“Dunk Low Pro B”和“Dunk Low CO.JP”，它们拥有一系列不同的颜色、图案、质地和设计特点。

Dunk Low CO.JP 异常成功，一部分原因在于：日本街头服饰教父藤原浩本人牵头参与了这次限定款的发布——他几乎会出现在日本所有与街头潮流有关的发布会上。为运动鞋事业贡献出鬼塚虎品牌、间接催生出耐克的日本，确实走在潮流前沿。

我们曾经在鬼塚虎 Mexico 66 的故事中讲过：

> 世纪之交，全球各大运动鞋品牌都在着手一件事情：复古。背后原因很多，其中最重要的一个是互联网在发达国家的普及。
>
> 网上论坛集合了原本分散的小众爱好者，下载技术相当于“重映”了此前各个世代沉淀下来的文化精品，电子商务方便了许多稀奇古怪的商品交易。人们经历了新锐技术革命后，反而有条件怀旧了。

↑ 这就是一款限定在日本发售的 Dunk Low CO.JP

在互联网普及前，限定发售的策略只能让粉丝知道自己生活的区域内有什么款式，创建不了强烈的稀缺性。即便“破圈”，也仅仅限于开车可达的地方。但是，世纪之交的网络论坛（BBS），让这款非常诱人的鞋在全球粉丝心目中留下了不可磨灭的印象。很多粉丝都想要拥有一双，不惜为此飞越太平洋。这种顶级的“运动鞋旅游”，又进一步推进了全球街头服饰品牌之间的交流。我们很快能看到它在商业和文化上的结果。

Dunk 的黄金时代

在世纪之交，世界上最杰出的街头服饰品牌是 Stüssy，它在全球的各大都会如纽约、洛杉矶、伦敦和东京都设有授权给经销商的特许专卖店。

Stüssy 在欧洲的经销商是 Gimme Five，总部就在伦敦。2001 年，Gimme Five 的创始人迈克尔·科佩尔曼（Michael Kopelman）和西蒙·波特（Simon Porter）协同耐克的创意大师弗雷泽·库克（Fraser Cooke），为 Dunk 设计了三款新的配色，其中两款是高帮，一款是低帮。

耐克按照“收藏品”的战略一路前进，这是耐克首次与服装零售商开展官方合作。发售的策略由Stüssy确定——这款名为“Stüssy × Nike Dunk”的限定款只卖两个星期，每天每种配色限售12双，销售店面也仅仅在全球数量并不多的Stüssy特许商店内。

Dunk的黄金时代到来了。

接下来的几年，Dunk还与Supreme合作推出了三款Dunk High，这些鞋型帮助Dunk始终处于球鞋文化的中心。然而，耐克自己的其他复古鞋，比如AJ1，却冲击了Dunk的地位。尽管耐克在2003年和2012年依然推出了复古款式，但多数消费者对这种鞋型失去了兴趣。

不过，专属于滑板领域的Dunk的“表弟”SB Dunk却爆发了。

表弟：SB Dunk

虽然Dunk系列和AJ系列已被滑板界广泛接纳，但耐克自己一直没有一个成功的滑板鞋专业系列，在企业的组织架构上也没有一个专属的部门。

耐克在营销语言上一向喜欢双关。滑板运动的英文是“skateboard”，但这不是SB Dunk的唯一命名来源。2001年，桑迪·博德克（Sandy Bodecker）被任命为耐克滑板部门的总经理，这是个巧合。

博德克的任务是带领耐克在这个领域获得更大的成功。他为SB Dunk制定运营策略时，倾听了滑板社区的呼声。想让品牌为滑板爱好者赋能，最主要的一点就是推动滑板亚文化走向主流。博德克签约了4名滑板明星，让他们作为SB Dunk的代言人。

另外，博德克可能吸取了上一个年代耐克“奋其私智而不师古”的教训，所以没有去寻求全新的设计，而是进一步改良Dunk，将它身上最后一点篮球鞋的影子抹去，使它成为滑板专用鞋。

对于这款鞋，他们基本只考虑低帮款式；往鞋垫里增加了填充物，以便让鞋子能承受更大的冲击力；把本来针对硬木地板球场设计的鞋底换成了更厚一点的橡胶底，这样鞋底更能紧紧抓住滑板板面和地面。这款鞋的鞋舌继承了两年前复古款的尼龙材质，不过做得更加肥厚，以便更好地保护脚面。

SB Dunk虽然在技术上超越了市场上所有的产品，但其灵魂依然是那个Dunk——看重配色，并且在销售上花招百出。2002年，耐克推出了首批4款SB Dunk Low，同年，Supreme联名款也问世了。

销售结果证明，博德克出色地完成了耐克交给他的任务。SB Dunk已成为美国乃至整个欧洲、亚洲的滑板爱好者和球鞋爱好者梦寐以求的鞋子，它充满创意的配色为各式各样的炒鞋者提供了方便。

↑ 2002 年发布的 Supreme 联名款 SB Dunk

炒鞋史上最重要的里程碑，是杰夫·斯特普（Jeff Staple）发布著名的“Pigeon” Nike SB Dunk Low（也就是“纽约鸽子”）。纽约是一个鸽子“泛滥成灾”的城市。斯特普把鸽子元素，不只是其形象，重要的是其配色，融入鞋的设计中，红色的爪子对应鞋底，白色的尾羽对应钩子，造就了经典。

斯特普本名杰弗里·吴（Jeffrey Ng），是一位华裔设计师。他是纽约的街头时尚教父，在曼哈顿下东区经营着一家名为“Reed Space”的潮牌店。

2005 年，“纽约鸽子”发布时总量仅有 150 双，只在少数门店有售。就连斯特普自己的店铺里也仅有 30 双。按照经验，这些数字意味着混乱的场面——发售前排队聚集的人群、发售时人们的疯狂、转手出售时的指数级涨价，即将出现。

事实上，这款鞋发售当天，警局出动了很多警察来维持秩序。即便如此，现场依然很混乱。鞋炒得太激烈了，每个成功买到鞋的顾客都必须由警察护送到商店后门，并乘坐已经安排好的出租车离开。只有这样才能避免被抢。

这件事情登上了《纽约邮报》（*New York Post*）的头版，成为全国性新闻。一种曾经为小众的亚文化——收集耐克运动鞋，突然间变得家喻户晓，也因此成就了 SB Dunk 在球鞋文化中不可替代的至尊地位。

在接下来的 5 年里，耐克推出了无数值得收藏的 SB Dunk。可以说，21 世纪的前 10 年，人们提起 Dunk 就只能想到 SB Dunk，它的“表哥”逐渐被遗忘了。

↑ 2005 年 2 月，当时的 30 个幸运儿之一。在大街上显摆刚抢购到的鞋是件很危险的事情

纯正血统的归来

市场证明，总是炒鞋也会让人审美疲劳。曾经卖到上千美元的 SB Dunk 忽然就不值钱了。这是炒鞋界常有的经济现象。不过，这正好为血统纯正的 Dunk 卷土重来打好了基础。

2015 年，初始版 Dunk 发售 30 周年之际，耐克再次发布了“忠于母校”的几个配色。这批鞋是 1999 年复古款的精确再现。35 周年的时候，耐克甚至做出了一部名为《Dunk 的故事》（*The Story of Dunk*）的 6 集纪录片，来讲述这款鞋——这款专注于配色、跨界合作的传奇运动鞋。

销售数据显示 Dunk 的浪潮重新回来了。

↑ 2009 年 8 月 26 日斯特普在纽约市出席由 K-Swiss 公司举办的“Play Nice”走秀活动和派对

LATE CITY FINAL

WEDNESDAY, FEBRUARY 23, 2005 / Sunny, 44 / Weather: Page 62 ★★ R www.nypost.com 25¢

Sneaker frenzy

Hot shoe sparks ruckus

FULL STORY, PHOTOS: SEE PAGE 7

SNEAKER RIOT

↑ 报纸上报道了这场运动鞋骚乱（Sneaker Riot）并配图介绍了现场混乱的局面

从亚文化到主流文化：收编与背叛

1985 年，耐克 AJ1 正式发售。这款鞋以一己之力推动了球鞋文化的第二次浪潮。这是最重要的一次文化浪潮，使得之前的亚文化进入了主流社会。

这股浪潮从 20 世纪 80 年代中期持续到 20 世纪 90 年代，其推动者是美国当时的主流族裔白人的青少年群体，他们效仿并吸收了非裔美国青少年的时尚文化和生活方式。整个过程算得上皆大欢喜。

我们之前介绍过，在第一次浪潮中，球鞋亚文化从属于嘻哈文化。通过运动鞋和其他离经叛道的服装以及音乐，非裔美国青年表达着挫败感、反主流的愤怒等情绪。就积极方面而言，运动鞋对他们来说是社交和沟通的一大动因，甚至他们的信仰、规范和态度都围绕着运动鞋。运动鞋对他们而言相当重要，可以说是一个凝结着很多宝贵感情的物品和符号。

但美中不足的是，AF1 一开始就受到不法分子的喜爱，耐克的阿甘鞋则是血腥残暴的帮派的统一着装。运动鞋和犯罪的纠葛达到了历史最高点。

当嘻哈音乐融入主流文化，大放异彩的乔丹脚下的运动鞋出现在大众传媒上，奇妙的事情发生了：这些以运动鞋为核心的符号所表达的意义发生了变迁。

从 80 年代的某个时刻起，对美国所有青年人甚至大众而言，运动鞋都意味着胜利，穿上它就是在表达对胜利的渴望；运动鞋不再是抵抗和犯罪的象征，而是主流的潮流和青春活力的代表。

这一过程中最重要的推手，就是运动鞋快速普及和极度商业化。我们可以从很多亚文化现象中发现：一旦亚文化被商业化，亚文化物品就会转化为时尚品。借助商业的魔力，亚文化的社会地位提升了。用社会学术语来说，这是一个“合法化”的过程，意味着亚文化被主流文化认可和“收编”。

虽然这应该是一件皆大欢喜的好事，但也有少许人感到失落。那就是运动鞋亚文化的某些狂热爱好者。这很好理解，就像豆瓣或知乎上常有的问题：为什么我喜欢的小众明星被更多人知道，开始大火起来后，我心里反而有说不出来的不愉快？

与这个现象类似的还有更极端的表现形式：划时代的艺术家成为大众明星，并且自身物质条件大大改善后，他们所代言的价值观的权威性会因此受损。比如约翰·列侬，一个狂热的歌迷对他说“你变了”，然后开枪打死了他。

因为某些狂热爱好者不只是喜欢明星（和运动鞋），他们的这种感情中更是寄托了一种值得珍视的身份认同。这种认同有着特殊的条件，即他们重视的就是边缘感，而大流行改变了这一最根本条件。他们感到痛惜，感到自己本来反抗主流却反过来被主流吸收，成为消费社会的一部分，自然也不能再保持地下状态。

除去这些不愉快的小浪花，第二波球鞋文化浪潮对社会的影响更加积极和正面。

正是因为运动鞋的商业化日臻成熟，所以真正的鞋迷往往能够力学笃行，他们必须学会并乐于学会进货、保养、转售等技巧。这意味着什么？一份工作或者一个生意都需要的创业精神，这也是一种积极向上的生活状态。请别忘了，在英语中，“企业”和“奋进”是同一个词：enterprise。

奋进是做成一切事情最根本的精神气质。

↑ 本书作者（黄贺）的部分球鞋收藏

VANS OLD SKOOL & SLIP-ON

Vans五兄弟

为冲浪与滑板而生

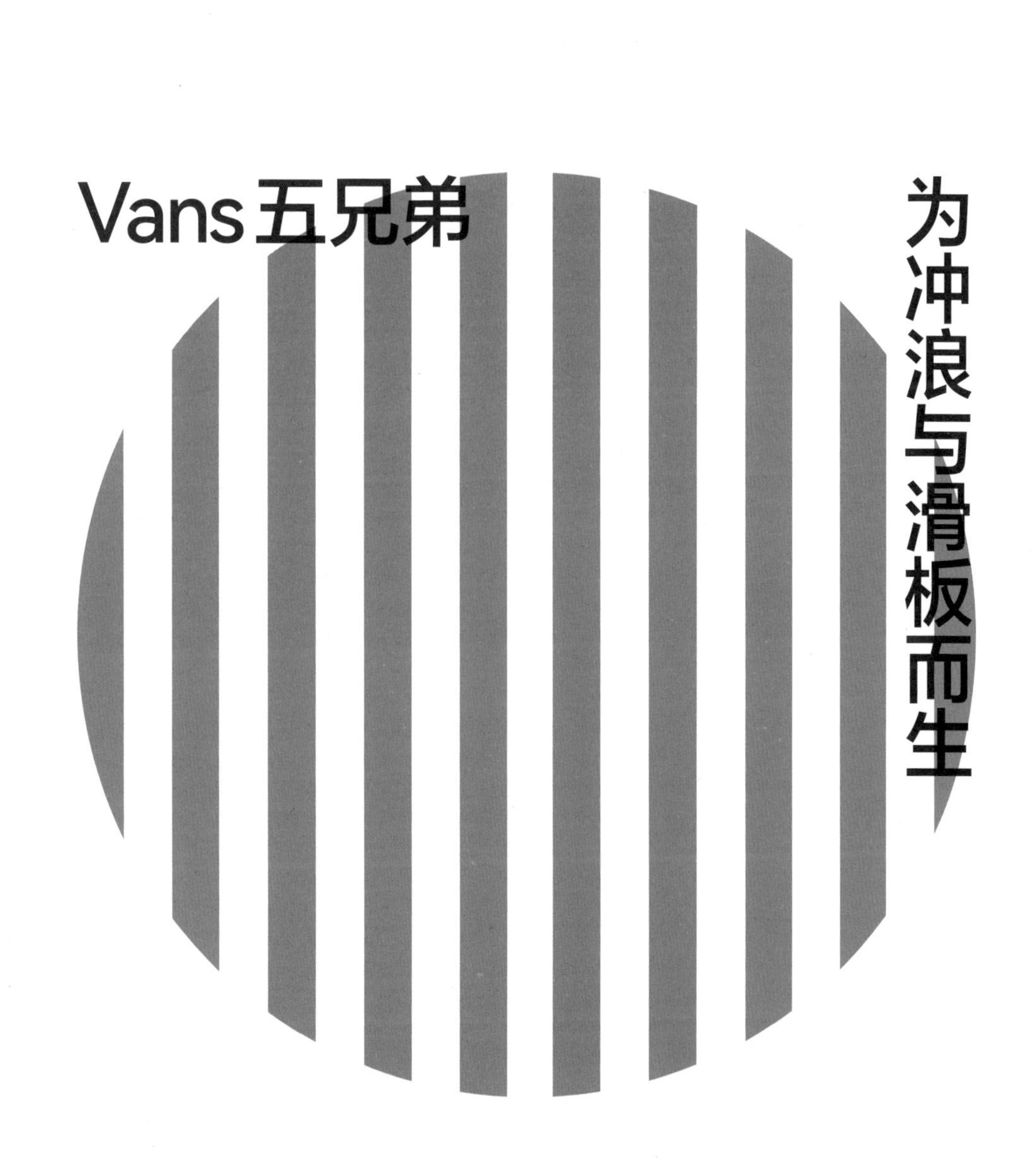

Vans 从诞生那天起，就与之前那些厂商有很大不同。在 50 多年的历史中，Vans 主要依靠 5 款经典鞋型推动和塑造了独特的文化。它从一个专注于滑板领域的休闲鞋制造商一路发展而来。虽然它像匡威一样经历过申请破产、关闭工厂、多次易主，但它同样挺过来了，并且已经成为一个不容置疑的文化符号。

兰迪的童工

保罗 · 范多伦（Paul Van Doren）——看名字就知道他有着荷兰血统，出生于 1930 年，在美国东海岸的波士顿长大。他并不是一个让老师和家长放心的孩子。读到八年级时，热爱赛马的他就不可挽回地退学了。

14 岁的保罗每天必到跑马场，渐渐成为小有名气的业余下注经纪人。他的母亲蕾娜 · 范多伦（Rena Van Doren）实在无法忍受儿子既不上学，也没有正经工作，而且收入比她还高的生活状态，就把保罗拉进了自己任职的制鞋厂。于是，正处于青春期的男孩开始担任公司的保洁员，从清洗工厂地板慢慢做起。

这奠定了他一生的轨迹。

← 保罗 · 范多伦（1930.6.12—2021.5.6）

保罗入职 10 年后，小他 9 岁的弟弟詹姆斯 · 范多伦（James Van Doren，昵称为吉姆）努力读完了初中，毕业后也加入了他母亲所在的制鞋厂——伦道夫橡胶制造公司（Randolph Rubber Manufacturing Company）。这家公司后来改名为伦道夫鞋业公司（Randolph Shoe Company，简称伦道夫公司）。

这家公司成立于马萨诸塞州伦道夫镇，公司名就以这个地名命名。从 20 世纪 50 年代开始，伦道夫公司为自己生产的鞋子注册了商标——兰迪。因为鞋的质量特别出众，令人印象深刻，所以消费者渐渐地开始称这家公司为兰迪。

又过了一个 10 年，当年的清洁工保罗已晋升为公司副总裁。1965 年，这家公司推出了全美（甚至全球）第一款专用的滑板鞋：Randy 720。这款鞋的外形几乎是完全“抄袭”了当时流行的 Keds Champion。那个时期，在硫化橡胶鞋行业内，匡威排名第一位，Keds 排名第二位，兰迪排名第三位。

Randy 720 在鞋型上尽管太像友商，但它还是有增量创新的。Randy 720 的鞋头和鞋跟处采用了伦道夫公司的专利橡胶材料，让鞋底有了较好的抓地力。这款鞋成了美国国家滑板锦标赛协会（The National Skateboard Championships Inc.）的官方运动鞋，在当年于加利福尼亚州阿纳海姆（Anaheim）举办的滑板锦标赛上，很多选手就穿着它。

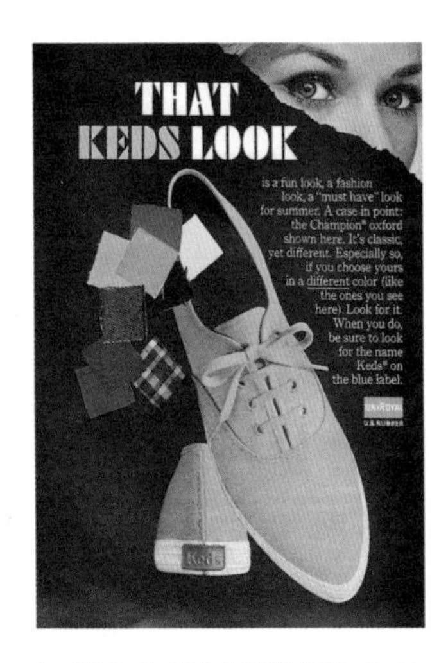

↑ 20 世纪 60 年代早期的 Keds Champion，这个鞋型诞生于 1916 年。当年日本知名歌手小野洋子就穿着白色的 Keds Champion 嫁给了约翰 · 列侬

↗ Randy 720 的海报。这张海报上的广告语“坚韧的鞋头鞋跟”等在当年司空见惯

← Randy 720 的广告左下角图示放大后的样子。在运动鞋的发展早期，鞋型花样不多，厂家也少。伦道夫公司的竞争力在于高质量，他们常常用一个“QUALITY BY Randy”（兰迪品质）的标记来彰显这一点。当年保罗就主管质量与生产

即使是业界巨头，也有自己的烦心事。加登格罗夫（Garden Grove）距离美国国家滑板锦标赛会场所在地阿纳海姆仅有 10 分钟车程，那里有一家伦道夫公司的直属工厂，亏损甚巨，吞噬着公司宝贵的利润。保罗和詹姆斯，以及他们长期以来的同事戈登 · 李（Gordon Lee）被委以重任，三人从东海岸飞赴西海岸做专项治理整顿。

8 个月后，他们扭亏为盈。

产销一体

立下汗马功劳后，范多伦兄弟俩选择了离职。让他们抛弃在东海岸的伦道夫公司的，不是西海岸明媚的阳光和美丽的海滩，而是他们在职业生涯中经过淬炼成为资深“鞋狗”后所形成的深刻认知。

那时保罗已经做了 21 年的运动鞋生意，除了零售业务，几乎各个流程和商业环节他都深度参与过。不过，他对零售有强烈的看法，他知道伦道夫公司每个月能卖掉数十万双鞋，但核算下来，一双鞋只能赚到 10 美分甚至更少。他的梦想是，不让中间商赚差价。他要亲手创立这样一种生意：同时牢牢控制着工厂和零售店铺，一切自己说了算。

那时，匡威依然统治着篮球场；阿迪达斯刚刚发布了白色网球鞋和过几年就会毁掉匡威江山的新款篮球鞋；耐克还叫蓝带体育公司，在美国代理着日本鬼塚株式会社的虎牌鞋。没有一家鞋业公司不依赖多层级的分销体系。

常识告诉我们：在一个多少有点历史的行业里，做别人没做过的事情，往往风险很大。其实，很多人也曾尝试过，但他们的公司都没能生存下来，所以他们的故事也就不为人知了。

不过，保罗从业经验丰富，擅长品控和管理；弟弟詹姆斯在伦道夫公司经过10年历练成为工程师；一起来到加利福尼亚州的戈登·李则是优秀的制造流程经理。这三人还找到了一个常年从日本进口鞋面材料的生意人，瑟奇·德伊莱亚（Serge D'Elia）。按先后顺序，四人以 4:1:1:4 的持股比例成立了范多伦橡胶公司（Van Doren Rubber Company，简称范多伦公司），这家公司后来改名叫 Vans。

前一年整顿工厂的经历给了他们充足的经验和商务资源。他们从美国各地购置二手机器，很快就组建好了工厂生产线。

工厂蓄势待发，不过生产什么样的鞋呢？答案是甲板鞋 [deck shoe，也可称为船鞋（boat shoe）]。这是一种通常由帆布或皮革制成的鞋子，为了具备足够的抓地力以应对湿滑的甲板，鞋底图案一般由较多的细缝组成；为了保护甲板和船身，鞋底的材质选用无痕橡胶，所以不会像足球鞋那样留下黑色的橡胶印迹；为了防水，鞋面材料选用皮革或涂油帆布；为了耐用，鞋身也用缝线的方式进行了加固。

↑ 1966 年，Vans 的四位创始人的合影。左起：保罗、德伊莱亚、戈登·李和詹姆斯

除了这些特点，按照时尚规则，穿船鞋的时候一般不穿袜子，或者不穿会遮盖脚踝的袜子。

已经养育了 5 个孩子的保罗并不担心创业的风险，其实他根本就不相信自己会失败。这种自信源于丰富的从业经历，伦道夫公司教给了他足够多的实践经验，从鞋型设计到某些“癖好”，比如用无意义的数字来命名产品的习惯等，他都知道该怎么做。

范多伦公司初代主打鞋型在设计上基本照抄了 Randy 720。这款针对成年男性的帆布系带船鞋，名字更是简单粗暴——“Style 44”（44 号款式）。这一数字完全随机。针对女性或儿童等不同的消费者，或皮革等不同的材质，抑或是双孔等不同的设计特点，编号也会不同。不过，它们全都是船鞋。

凑齐了 8 个款式后，1966 年 3 月 16 日，在加利福尼亚州阿纳海姆东百老汇大街 704 号，范多伦公司的第一家零售店面开业了。这家店采用的是前店后厂的模式，其中零售店面面积有近 40 平方米。对保罗来说，这一切都是那么熟悉。因为削薄了中间层，所以他等待着利润喷涌而至。

↑ 范多轮公司的第一家店面，装修很简单

↑ 伦道夫公司的产品海报，这里面的很多元素由范多伦公司传承了下来：

1. 抓地力强的鞋底设计
2. 名为“Oxford ”的非常接近 Randy 720 的鞋型
3. 一脚蹬（SLIP-ON）的船鞋鞋型
4. 使用类似于简化英语的手法。产品名“BOATSHU”中的“shoe”被简化成了“shu”。我们在后文将介绍的 Vans OLD SKOOL（SCHOOL 的简写）、SK8（Skate 的简写，如果看不出关系，请留意“8”的英文发音）上也会发现这一点

↑ 手工制作中的 Style 44，请注意对比 Randy 720，两者的鞋底厚度有很大区别。范多伦公司早年确实会用手工制作的方式生产高品质的鞋子

私人定制

生产和销售都控制在自己手里，意味着有可能灵活地按需生产，从而免去库存积压的烦恼。范多伦公司也确实是这样做的，前述船鞋系列的所有鞋型和不同尺码的鞋子仅仅摆在店铺里用于展示。如果有顾客选购，他们就会在当天把鞋子生产出来，最快当晚就可以让顾客提货。

当然这是一个很有风险的策略，按需生产意味着如果不能按时交货，便会违背顾客的预期，次数多了就会失去他们的信任。

这家店铺开业第一天有 16 位顾客光临，虽然其创始团队毫无零售经验，但他们很快就让顾客见识到了一种新奇的购物体验。店铺里摆着的鞋型虽然不多，但是能满足整个家庭的需求。不到 40 平方米的店面中有 10 个架子，上面放着不同颜色的鞋盒。

↑ 当年蓝色鞋盒里的白色 Style 44。这款鞋一开始配色就很多。请注意上面的广告语："FOR THE ENTIRE FAMILY"（"满足整个家庭所需"）

蓝色鞋盒里是成年男性的鞋款，橙色鞋盒里是青少年男性的鞋款，红色鞋盒里是童鞋，绿色鞋盒里是女鞋。成年男性是最主要的消费群体，所以成年男性的鞋款售价最高——4.49 美元（相当于如今的 40 美元），而且摆放在店里最显眼的前排位置。女鞋售价 2.29 美元。

范多伦公司毕竟是一个初创公司，刚刚建设了工厂、布置了店面，所以所剩现金不多，客流量也不大。但它没有投入广告营销，而是完全凭借品质及口碑吸引顾客。Style 44 自发布伊始，鞋底厚度就接近同行产品的鞋底的两倍，具备更好的脚感；鞋面材料是当时最坚韧的"鸭子十号"帆布。当时有种流行的说法，这款鞋"坚固得像谢尔曼坦克一样"（谢尔曼坦克是美军在第二次世界大战中最重要、产量最大的坦克）。

范多伦兄弟也是厚积薄发的创业者，他们的公司不但没有失去顾客的信任，反而很快凭借过硬的产品和服务而声名卓著。除了高质量产品，他们不仅能做到按时交付，而且能满足顾客的定制需求。在店铺开业没多久时，有一位女士光顾鞋店，表示货架上的粉红色不够亮，而黄色鞋子又太亮了。据保罗的儿子史蒂夫·范多伦（Steve Van Doren）回忆，他那亲自招待每一位顾客的父亲直接回复道：

> 不管你要什么粉，把它带来，我就为你单独定制一双。

定制鞋子并额外收取一点费用这种做法，就这样刻在了范多伦公司的基因里。这一服务很快铺展开来，顾客能够定制的范围从材料、颜色、内底的图案细节再到鞋带的选择，基本没有任何限制。显然，这一服务让南加利福尼亚州所有学校的啦啦队和运动队都非常满意，所以为他们生产匹配制服的鞋子成了范多伦公司的大生意。

保罗的策略非常奏效，销售额节节上升，顾客开始管他们的鞋子叫“Van's”。因为工厂不仅能满足出货需求，而且产能还没有被利用到极致，所以没有零售经验的保罗做出了疯狂的开店决定——几乎每星期开一家新的零售店。保罗的节奏是：星期一考察地点，星期二签订租约，星期三施工改造，星期四添设货架，星期五摆放样品，星期六聘请店长，星期日培训店员。

毫无疑问，公司的会计师对此强烈反对，并要求保罗和其他创始人关闭销售业绩不好的店铺。保罗完全不同意，他认为只要开店就会增加销量，而销量上升意味着生产效率更高，能平摊更多固定成本。事实证明，真理在创始人和会计师之间。公司既没有因为疯狂扩张而严重亏损，也没有在第一个十年里明显赚到钱。

← 这就是早年的定制款船鞋。从鞋盒颜色可以判断出来，某位男顾客选用的花布一定能使他的鞋独一无二。请注意，此时公司名还叫范多伦，但鞋子上已经出现了经典的商标元素，大写的字母“V”有一个突出的衬线，像屋顶一样悬挂在其余的无衬线字母上，此时还没有字母“S”

这十年里还是发生了一些变化。Style 44 的鞋底图案在一开始类似于伦道夫船鞋的设计，但在上市销售一段时间后，有一些顾客抱怨鞋的耐磨性不足，因此保罗将其鞋底改造为类似于华夫饼的图案，这成了后来 Vans 最具传承性的设计。

店面越开越多，也有了迭代升级、运营规范和特别的文化。零售店统一取名为“VAN 之家”（HOUSE OF VAN），在售鞋型除了主力船鞋，还有了网球鞋等。

更重要的影响是：从 20 世纪 60 年代开始，逐渐在加利福尼亚州兴起的滑板运动与 Style 44 结合了。到了范多伦公司创立第十年的时候，加利福尼亚州的滑板爱好者几乎人人一双海军蓝配色的 Style 44。价格便宜、坚固耐用、华夫饼鞋底带来的极强抓地力，都让这款鞋成为他们的不二之选。

到了 20 世纪 90 年代，Vans 公司的所有权和经营状况发生了较大改变。正是从那个时候起，Vans 开始重视鞋款的名字。这款堪称“Vans 长子”的船鞋被改称为 Vans AUTHENTIC。“AUTHENTIC”意为正宗、正品、真迹。

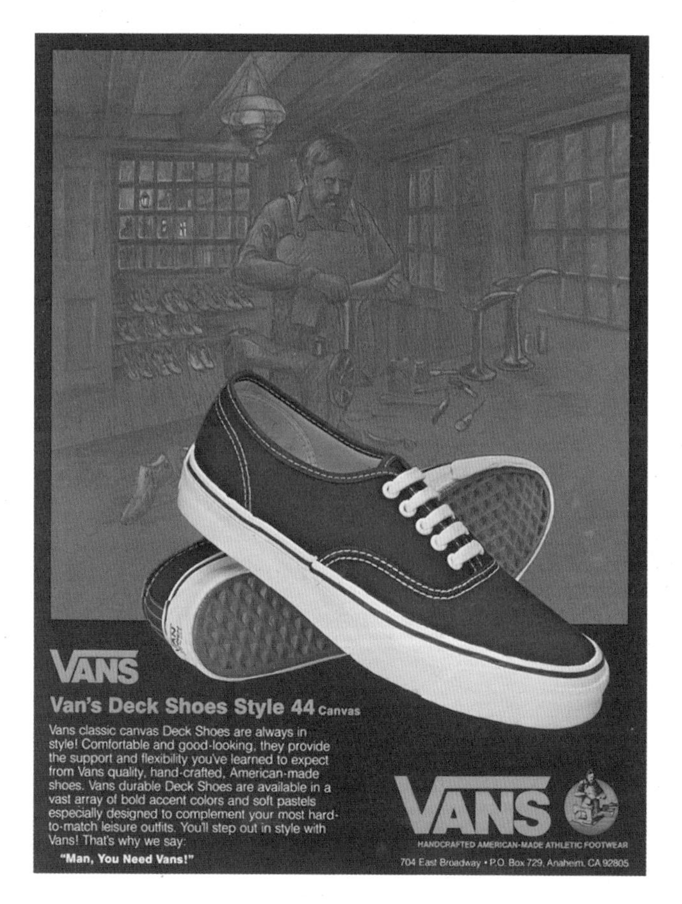

← 请注意鞋底的华夫饼图案。这是公司在 20 世纪 80 年代末 90 年代初改名为“Vans”后的海报，公司名中有了字母“S”。另外一个重要的视觉元素是“工匠精神”，以突出手工制作和品质感。鞋匠的形象是按照公司创始人保罗刻画的

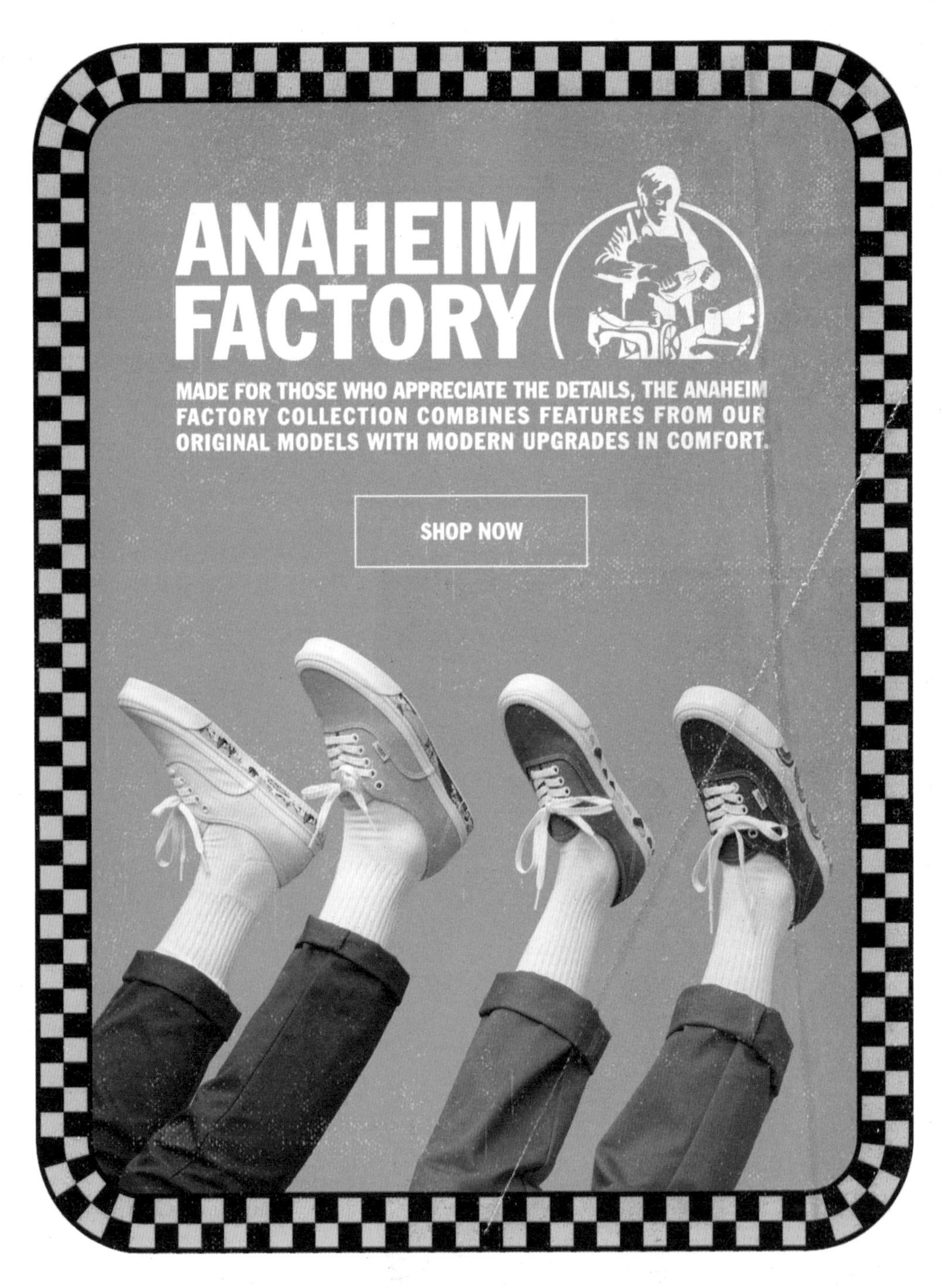

↑ 近年来特意设计为旧海报质感的网页，两名模特每只脚上的鞋颜色都不一样，这种时尚风潮就是 Vans 开创的。网页上还有“工匠精神”标识，致敬了第一家工厂 / 商店

↑ 20 世纪 70 年代拍摄的 VAN 之家，这个店面位于加利福尼亚州的格伦代尔（Glendale）市。
店面外墙的涂鸦广告依然强调鞋子会从工厂直接到顾客手中。门框上的“VANS”字样是采纳了顾客的意见后而最终确定的

站稳脚跟

20 世纪 70 年代中期，原本作为船鞋的 Style 44“兼职”做了滑板鞋。保罗意识到这一点后，很快就研究了南加利福尼亚州的滑板运动生态，之后发现其规模特别小，相比于橄榄球、篮球和棒球群体几乎可以忽略不计。

但是滑板人对保罗创立的品牌非常忠诚，复购率极高。保罗决定投桃报李——高度尊重并理解他们的小众文化。

1975 年，他结识了当地的三个滑板明星，斯泰西 · 佩拉尔塔（Stacy Peralta）、托尼 · 阿尔瓦（Tony Alva）和杰里 · 瓦尔德斯（Jerry Valdez），为他们免费提供船鞋，以便进入滑板这个新兴的文化社区。

↑ 1974 年，保罗办公时拍的照片

这三人是当地知名滑板队和风（Zephyr）的核心成员。和风是一支由 12 名滑手组成的团体，由位于南加利福尼亚州威尼斯海滩（也称为“狗镇”，Dogtown）的一家颇具开创性的滑板店——杰夫 · 霍冲浪板和和风制作（Jeff Ho Surfboards and Zephyr Productions）赞助成立。和风滑板队也被称为 Z-Boys，他们是滑板文化中的传奇。

免费的鞋子在他们看来还有改进余地。在阿尔瓦和佩拉尔塔的参与下，Vans 推出了 Style 95。新款鞋子以之前的船鞋为基础，在领口处增加了软垫，对脚踝有更多的保护，鞋底也采用了刚推出不久的华夫饼图案。Style 95 在 1976 年 3 月 18 日发售，差不多是范多伦公司创立十周年的日子。

毫无疑问，这款有专业运动员参与改进的鞋子迅速成为滑板界的首选。

阿尔瓦和佩拉尔塔对范多伦公司的贡献很大。他们参与改进的这款鞋，帮助范多伦公司打入了街头文化领域，使得这家规模不大的公司成为叛逆群体可以信赖的伙伴，而且他们激发出了一种时尚潮流：鞋子的混搭。

故事是这样的：有一天，阿尔瓦来到 VAN 之家，只买了一只左脚鞋，因为之前那只磨损了。他不在乎颜色，所以最后“一脚海军蓝、一脚红”地走出了店铺。由此，范多伦公司推出了同款双色鞋。

↑ 穿着 Style 44 的 Z-Boys 成员

↑ 20 世纪 90 年代初生产的 Style 95。这款鞋后来被称为 Vans ERA，它确实开创了滑板界的新纪元

另外，阿尔瓦和佩拉尔塔还激发了范多伦公司的灵感，让这家公司开发了一个商标“Off The Wall”。这句话原本是滑板爱好者的行话，指的是在诸如U形池等场地里，人和滑板离开墙壁腾空而起的耍酷动作。Z-Boys创建并命名了这个瞬间用手抓住滑板的动作。范多伦公司的第二代，联合创始人詹姆斯的儿子，当时年仅13岁的马克·范多伦（Mark Van Doren）——他也是一个滑板爱好者，就把这句话涂写在了自己的滑板上。

这块滑板的图像，出现在了1976年发布的Style 95鞋后跟标签上。

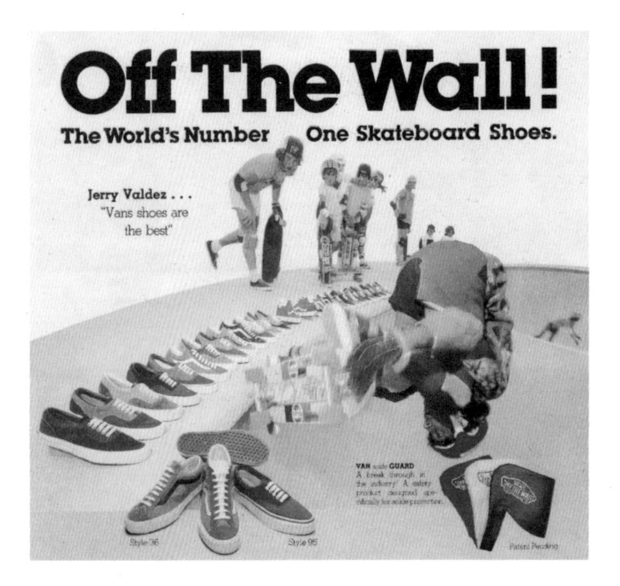

← 20世纪70年代末范多伦公司的海报。这是一家高度融入滑板文化的鞋业公司，和傲慢的（也许并非故意）体育用品公司完全不一样。海报中有华夫饼鞋底，也有另外一款有名的鞋子，别急，我们马上就会讲到

↓ Z-Boys启发了一名13岁的“设计师”

老派的诞生

13 岁的马克的涂鸦出现在了 1976 年发布的 Style 95 上，创始人保罗的涂鸦则出现在了 1977 年发布的 Style 36 上。从这里也能够看出，产品名中的数字毫无规律可循。

Style 95 从 Style 44 发展而来，新鞋又参考了这两个前辈，将鞋型、华夫饼鞋底和鞋领口的软垫传承了下来，并做了符合那个时代潮流的创新。1971 年，阿迪达斯发布了绒面革的 Tournament，后来改名为 Campus；同期，匡威也发布了绒面革的 All Star，后来发展成了 One Star。皮革的寿命确实比任何其他常用制鞋材料的寿命都长。范多伦公司第一次采用了绒面革元素，将它纳入了 Style 95。新产品的鞋头、鞋跟和鞋眼片周围都是绒面革材料；鞋侧面很少承受较大的力量，所以新鞋保留了帆布质地，这样做还能控制成本和重量。

1971 年，耐克引入了 Swoosh 标识；次年，阿迪达斯开始使用三叶草标识；再往前几年，鬼塚虎设计出了虎纹。主要的体育用品厂商，此时都有了简洁而具有识别度的标识，让自己的产品更加醒目。保罗不仅主导和确定了上述所有范多伦公司产品的设计，而且他在纸上的信手涂鸦成了 Vans 品牌最具辨识度的标志。这个涂鸦最初被称为“爵士条纹”（Jazz Stripe），后来有了官方名字——Vans 侧边条纹（Vans Sidestripe）。

↑ 1977 年原款 Style 36，保存至今实属不易，鞋面侧边就是“爵士条纹”。绒面革材料不易保养，穿久了颜色会显得深一些

20 世纪 90 年代，这款鞋被改称为 OLD SKOOL(也就是 OLD SCHOOL，意为老派的、古早的、老旧的)。仔细说来，在当时的改名过程中，Vans 的几大经典鞋型在外观设计上也发生了一些微调。

以 Style 36 变为 OLD SKOOL 为例，最明显变化发生在鞋头。现在的 OLD SKOOL 标准版鞋头要比 Style 36 原版的长一些。

资深鞋迷或许会认为它们之间的差别还是很明显，完全是两款独立鞋型，但球鞋文化研究者可不这么看：首先，两者有明确的继承与发展的关系；其次，也是更重要的是，Vans 在官网上明确地把它们定义为一款鞋的前后两个名字。

↑ 资深鞋迷一定可以发现 OLD SKOOL（左）和 Style 36（右）之间的微妙差别

← Style 36 作为 Style 95 的弟弟，也使用了“Off The Wall”这一元素。这个海报上的 Style 36 是新鞋的颜色，没有旧鞋的颜色那么深、那么暗

在范多伦公司看来，Style 36 和前一年推出的 Style 95 都是这个世界上最好的滑板鞋。在设计完这款鞋之后，保罗逐渐退出了公司的日常管理和决策，他的弟弟詹姆斯成为接班人。

1978 年，Style 38 发布。它本质上就是一款 Style 36 的高帮版，更有利于保护滑手的脚踝。其鞋跟处的绒面革加宽了一些以提升保护性，鞋头也有所扩大，所以耐用性进一步得到提升。Style 36 和 Style 95 在滑板界的地位迅速被这款新鞋超越。

↑ 1978 年的原款 Style 38，后来这款鞋被命名为 Vans SK8-HI

一炮而红的一脚蹬

在 Style 36 问世那年（1977 年），范多伦公司还发布了一款船鞋，样式很像当年伦道夫公司推出的 BOATSHU SLIP-ON。这款鞋的编号依然毫无规律可循：Style 98。

保罗的儿子史蒂夫 · 范多伦从 11 岁就进入家族企业工作，当然一开始是兼职。他注意到这款休闲风格的一脚蹬卖得格外好，而且很多消费者会把鞋子内底定制为国际象棋棋盘图案。于是史蒂夫建议将这样的图案挪到鞋面上，这种棋盘格配色后来成为一种官方配色。

↑ 1977 年发布的 Style 98，后来这款一脚蹬被称为 Vans SLIP-ON。棋盘格配色也被应用到了次年发布的 Style 38 上

↑ 在 U 形池边穿着 Style 38 的滑手

↑ 史蒂夫近年的照片。他的搭配充满了 Vans 的味道。他目前是 Vans 的营销活动部副总裁。从他的魅力、无限的热情乃至血统角度来讲，他算得上 Vans 品牌精神的化身。他的亲妹妹谢丽尔 · 范多伦（Cheryl Van Doren）是公司的人力资源副总裁

1980 年，环球影业公司制作了一部电影，名为《开放的美国学府》（*Fast Times at Ridgemont High*），是美国校园青春电影的开山之作。片中有一名年轻演员，名叫西恩 · 潘（Sean Penn）。他扮演了一个扮相滑稽、浑浑噩噩、爱好冲浪的小伙子。看过这部电影的人都很难想到，若干年后他拍的电影会那么深沉严肃。

西恩 · 潘在加利福尼亚州的沿海城市圣莫尼卡（Santa Monica）长大，他本人确实爱好冲浪和滑板。他告诉制片人，他所饰演的杰夫 · 斯皮科利（Jeff Spicoli）要在电影中穿上范多伦公司的鞋，这样才够地道。在环球影业公司的要求下，范多伦公司送来了一箱棋盘鞋。于是在电影中，我们看到了他光脚拎着 Vans 鞋的画面。

这部电影在 1982 年上映，成为美国流行文化中的经典。电影的票房收入超过 2 700 万美元（相当于今天的 7 600 万美元以上），是制作成本的 6 倍。几乎每个观众都想要一双电影中的棋盘鞋，受此影响，范多伦公司的年营收从 2 000 万美元上升到了 4 800 万美元，而且知名度陡然间从南加利福尼亚州扩散到了全美。

↑ 原版电影海报。可以看到西恩 · 潘脚上的 Vans SLIP-ON 鞋子，还有那标志性的华夫饼鞋底

→ 电影里不仅有西恩 · 潘拎着鞋从课堂上溜走的画面，而且还有他用这款鞋击打自己头部的画面。这些画面并不是广告植入，而只是生活的真实呈现

一切看上去顺风顺水。运气青睐做好了准备的公司。即便是当年迅速被 SK8-HI 盖住风头的 OLD SKOOL 也在另外一项运动中找到了新生。

20 世纪 60 年代，加利福尼亚州兴起了 BMX（Bicycle Motocross，即小轮车）运动。1981 年，国际小轮车联盟（International BMX Federation）成立，并于次年举办了全球锦标赛。BMX 运动中不需要高帮鞋的保护，所以 OLD SKOOL 在这项运动中占主导地位，在自由式 BMX 当中更是如此。

然而，《开放的美国学府》公映 2 年后，范多伦公司申请了破产保护。

↑ 可以和各种小众运动打成一片的范多伦公司当然也注意到了 BMX 运动，所以它面向这项运动的爱好者兜售自己的产品

↑ 美国加利福尼亚州亨廷顿海滩，由 Vans 冠名的美国冲浪公开赛（Vans US Open of Surfing）现场的 BMX 自行车特技表演，小轮车骑手穿着 OLD SKOOL

重振河山

范多伦公司失败的核心原因很简单。《开放的美国学府》为它带来了巨大机遇，但执掌公司的詹姆斯被过分鼓舞了，当然其他合伙人包括他的哥哥保罗也没有多么清醒。詹姆斯想要带领这个有着特殊文化基因的鞋业公司成为下一个耐克。范多伦公司在 1982—1984 年全面铺开了业务，推出了以下领域的运动鞋：足球、篮球、壁球、摔跤、跳伞、霹雳舞……

"一脚蹬"赚来的钱全都赔了进去。当时的耐克如日中天，在运动鞋的各个细分领域对其他所有制鞋商鸣起了总攻的号角。

有些生意注定是小而美的。范多伦兄弟为这家公司注入了很多特质，比如产销一体、灵活定制、坚持美国制造、与分众市场关系非同寻常等。但与"小而美"的背离让他们受到了结结实实的教训。

保罗重出江湖，担任公司总裁。自救的办法说来很简单：砍掉复杂的产品线和相关岗位；告知全体员工 3 年内不再涨薪；砍掉所有营销费用。3 年后，公司偿还了 1 200 万美元的债务（相当于今天的 3 200 万美元）。偿清债务已经是最大的成绩，为此付出代价是不可避免的。比如，在范多伦公司自救期间，耐克赞助了 1987 年上映的滑板电影《追寻滑板神》(*The Search for Animal Chin*)，所以电影里传奇滑板队白骨队（Bones Brigade）的所有成员穿的都是 AJ1。

1988 年，创始人保罗 58 岁了。 McCown De Leeuw 风险投资公司以 7 400 万美元的价格收购了范多伦公司。为鞋子奋斗了一生的创始人团队得以退休。

在两兄弟任内，或者更准确地说，在公司诞生的 12 个春秋里，Vans 的顶梁柱已经全部出场。后面的岁月还是有坎坷，但照亮 Vans 征程的依然是其 5 大主力产品。

1991 年已更名为 Vans 的公司上市了。相对而言，20 世纪 90 年代是他们不断奋斗的时光。1995 年，Vans 赞助了第一届 Warped Tour 音乐节，那是一个将滑板文化与朋克摇滚相结合的夏季音乐节。这场合作延续了很久。在做了 6 年的赞助商后，Vans 买下了 Warped Tour 音乐节的股权，创建了美国最具传统特色的一个音乐会品牌。

1996 年，Vans 与纽约曼哈顿当时的地下滑板店 Supreme 合作推出了一系列 OLD SKOOL，拉开了两个同样关注滑板群体的品牌合作的序幕。2 年前的 4 月，Supreme 刚成立，创始人詹姆斯 · 杰比亚（James Jebbia）曾与 Stüssy 合作过 3 年。他这样评价他们的合作：

> OLD SKOOL 是最具标志性的经典滑板鞋。在 1996 年，它是 Vans 提供的最好的鞋子之一，真的经得起时间的考验。

运营着 Vans 的 McCown De Leeuw 风险投资公司试图将这个品牌巩固为冲浪、滑板和反主流文化的堡垒，但征程并非一帆风顺。1995 年 1 月，该公司解雇了 450 名员工，半年后关闭了在美国的制造厂，又解雇了 1 000 名工人。

↑ 晚年的詹姆斯 · 范多伦（1939.3.20—2011.10.12）

↗ 晚年的保罗 · 范多伦。其自传《真迹》（*Authentic*）出版 9 天后，近 91 岁的保罗离开了人世

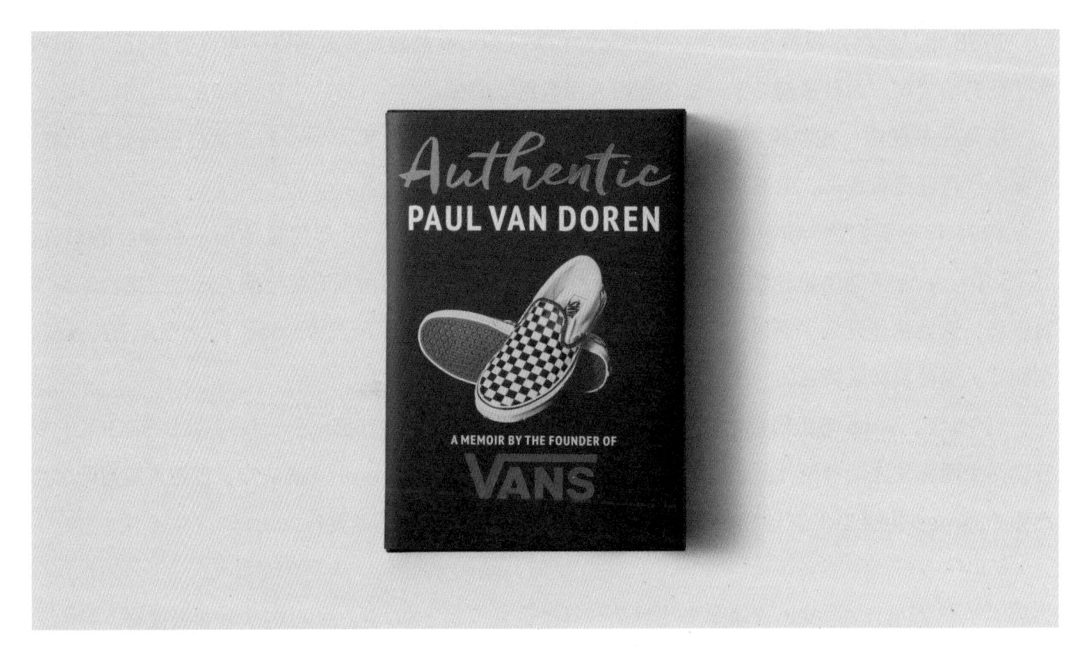

↑ 保罗的自传《真迹》于 2021 年 4 月 27 日出版，封面上是最经典的棋盘“一脚蹬”，图片即为本书作者藏书封面

↑ 美国加利福尼亚州波莫纳（Pomona）市，2015 年 6 月 19 日的 Warped Tour 音乐节现场，Vans 品牌的存在感非常强烈

Vans AUTHENTIC（Style 44，1966）
Vans ERA（Style 95，1976）
Vans SLIP-ON（Style 98，1977）
Vans OLD SKOOL（Style 36，1977）
Vans SK8-HI（Style 38，1978）

↑ Vans 的 5 款经典鞋

↑ 1996 年，Vans 创立 30 周年时的一款 OLD SKOOL 与 Supreme 合作款，这双鞋在如今的售价已经超过 1 万元人民币

新世纪的征程

2004 年，Vans 推出了 Vans Customs 服务，这一服务很像 2000 年推出的 NIKEiD，以及阿迪达斯的定制平台 MAKER LAB 或 miAdidas。Vans Customs 允许顾客将数百种颜色和图案组合应用于各个鞋型。虽然 Vans 的在线服务推出的晚，但资深的运动鞋爱好者都知道，这种服务形式是范多伦兄弟于 20 世纪 60 年代最早开创的。

不过，这一年最重要的事情，要数公司的所有权的再度易手。大型时尚集团威富公司（VF Corporation）以 3.96 亿美元收购了 Vans。威富公司听上去很陌生？它旗下有这些品牌：乐斯菲斯（The North Face），添柏岚（Timberland），Supreme，等等。这个庞大的时尚集团为新入伙的 Vans 提供了垂直整合的供应链、集团共享资源、数不清的品牌合作机会，更别提强大的分销网络和资本支持了。最主要的是，加入一个大家庭后，Vans 才有更大的底气保持产品独特性和精简风格。

↑ 威富公司于 1899 年 10 月成立，这是公司的标识

收购 Vans 之后，威富公司对 12 个国家和地区的近 3 万名消费者进行了长达 18 个月的调查分析，最终确定了新世纪里 Vans 的目标客户——“富有表现力的创造者”（expressive creators），把新的品牌战略设立为“成为全球街头文化的领军人”。

Vans 在 21 世纪头 10 年的发展确实如威富公司所规划得那样。威富公司在伦敦滑铁卢车站建立了 3 000 平方米的 Vans 之家（2014 年开业）；在韩国首尔著名的购物地带狎鸥亭洞，开设了沉浸式商店，一路高举高打，让 Vans 从街头必需品发展成为高级时尚品。

法国思琳的创意总监菲比 · 菲罗及其继任者海迪 · 斯里曼（Hedi Slimane）也是 Vans 的粉丝。后者对 SLIP-ON 和 AUTHENTIC 的再设计引起了广泛关注。2017 年，Vans 与全球最引人注目的时尚教父维吉尔 · 阿布洛（Virgil Abloh）合作，发布了 Off-White × OLD SKOOL。

2020 年，Vans 启用了位于加利福尼亚州科斯塔梅萨（Costa Mesa）的新总部，1.7 万平方米的地面全是混凝土，方便滑手们施展。他们用这样的风格展示着创业 50 多年来一直未变的产品与文化基因。

← 维吉尔·阿布洛（1980.9.30—2021.11.28），美国时尚设计师、DJ及音乐制作人，自2018年3月起担任路易威登男装艺术总监。阿布洛于2013年创立潮流品牌Off-White，任首席执行官。
他曾在2009年与侃爷一同在芬迪实习，两人在时尚设计之路上互相合作。《时代周刊》将他评为“2018年全球百大最具影响力人物之一”。2019年，阿布洛被查出患有恶性心脏血管肉瘤，这是一种发病率仅为百万分之五左右的极罕见疾病。直至今日，医学上对这种病也没有标准的治疗方案，中位生存期只有8个月。阿布洛作为时尚界的宠儿和巨富，享有世界上最好的医疗条件，坚持与病魔抗争了两年多，殊为不易

今天，Vans在全球拥有400家商店，每年创造超过20亿美元的收入。当你穿上一双Vans时，可能是因为不自觉地跟风，也可能是在进行一种特立独行的文化宣示，或者只是因为它有范儿、穿起来舒服。无论你是谁，Vans都找到了一种与你联结的方式。

无论你是谁，
Vans 都找到了一种
与你联结的方式。

NEW BALANCE 990 & 574

New Balance

制造业的赞歌

1906 年，太平洋西岸，末代皇帝爱新觉罗 · 溥仪出生，风雨飘摇中的大清朝宣布预备立宪。太平洋东岸，时任美国总统西奥多 · 罗斯福因调停了上年的日俄战争而获得了诺贝尔和平奖。

这一年，一个名叫威廉 · J. 莱利（William J. Riley）的爱尔兰人移民到美国。当时整个爱尔兰都是英国的一部分，所以说他是英国人也没错。时年 33 岁的莱利落脚在波士顿，这里是新英格兰地区的经济和文化中心。新英格兰地区由美国东北六州组成，人口稠密，是美国最早完成工业革命的地方。

鸡爪启示录

莱利有文化、有知识，不像同期的南欧移民那样贫苦，他甚至有钱在一线城市买房安顿下来。他的住宅前后有廊有院，院子里还养了几只鸡。流传至今的故事里说：莱利在新居中观察禽类，发现它们不仅能像云台一样在运动中保持头部不动，而且在后院里上上下下时如履平地。

莱利认为鸡爪的前三个脚趾发挥了作用，使得鸡爪的特殊结构在任何场景下都能动态地达成新的平衡。他利用仿生学知识启动了一项特殊的生意：生产带有三根支柱的、弹性良好的足弓支撑器（arch supports）。足弓支撑器是一种专业设备，常用于矫治扁平足。他的公司名就体现了其主打产品名：新平衡足弓支撑器公司（New Balance Arch Support Company）。

↑ 牢牢抓住木栅栏的鸡爪

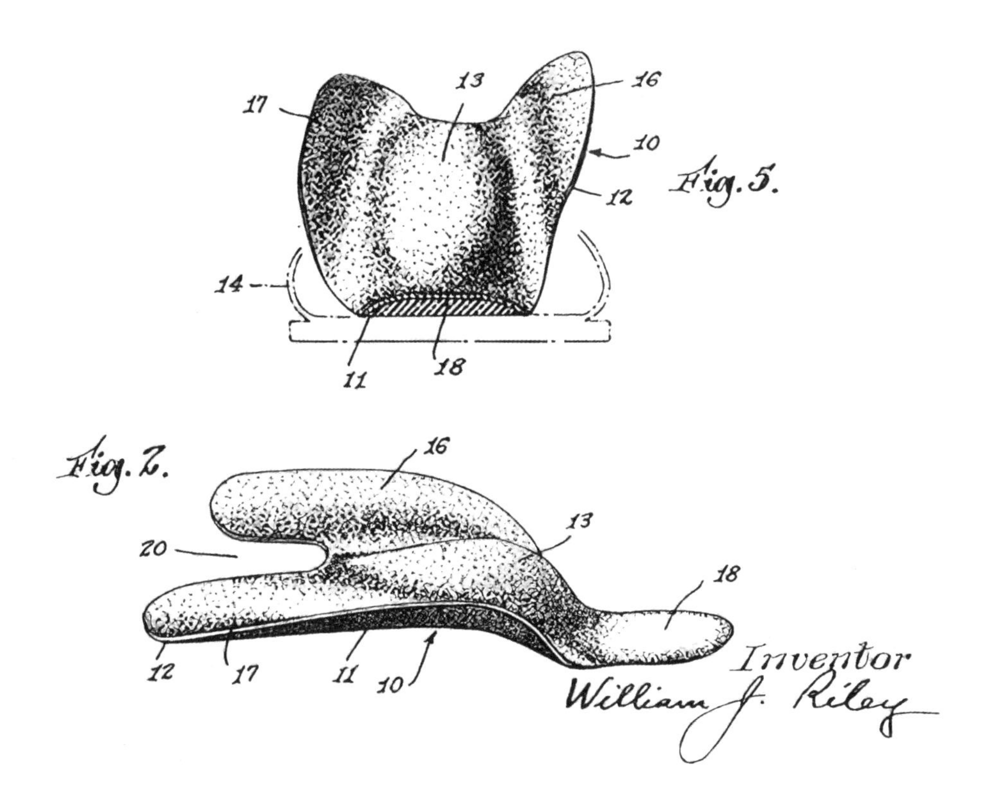

↑ 莱利设计的足弓支撑器草图，右下角有他的签名

莱利对鸡爪有一种莫名的情结。他的办公桌上就有一个鸡爪模型，以演示“新平衡足弓”的工作原理，方便他向登门求助的顾客解释“鸡爪结构平衡原理”。

New Balance 有一种与生俱来的专业性。除了足弓支撑器，这家公司还出产专用于医疗的矫形鞋（orthopaedic footwear），这种鞋需要医生的处方才能买到，因此也叫“处方鞋”（Prescription Footwear）。总之，这家初创公司的产品清单上没有一般意义上的鞋子。莱利瞄准的客户群基数显然很小。

客户规模小不是问题。New Balance 足弓支撑器售价至少 3.5 美元，超过当时一双全新的皮鞋或最好的帆布运动鞋，考虑到通货膨胀，这个数额换算到今天超过 80 美元。所以，如果说专业性是 New Balance 品牌的第一要素，那它第二个恒久存在的要素就是贵。

莱利从没想过让自己的产品普及开，也没想过多榨取点消费者的财富，所以这家没有任何零售店面的公司业务规模小、雇用人员少。莱利仅仅想创造质量最好的产品，并以相匹配的价格售出，当然匹配的价格往往是业内最高的。莱利的商业逻辑是：用好产品为客户解决问题，通过口碑传播最终建立品牌，再加上稳固的利基市场就能活得不错。

20 年弹指一挥间。咆哮的 20 世纪 20 年代，发生了无数激动人心的事。1927 年末尾，莱利雇用了一个旅行推销员。

在鞋业历史中，关键推销员能为品牌发展创造里程碑式的突破。我们在匡威（查克 · 泰勒）、鬼塚虎（鬼塚喜八郎）、阿迪达斯（克里斯 · 塞文）、耐克（菲尔 · 奈特）的历程中都发现了这一点。伟大的推销员一定有这样的特质：本身就是鞋子的设计师，或者深度参与了设计，如果不是，那也得是深度理解品牌定位，并对鞋业有着深刻认知的人。

换句话说，他们既懂创造，也懂销售。复合型人才是不可小觑的。莱利找到的这个人叫阿瑟 · 霍尔（Arthur Hall）。霍尔结合公司的特点和产品的优势，瞄准了一个全新的客户群，他们有以下特点：

- 购物习惯极为保守，几乎不可能受到任何惯常营销噱头或天花乱坠的广告语的糊弄。
- 在日常工作中，需要长时间站立和行走。
- 一旦突破了最初的门槛，就会成为忠诚度极高的客户。

霍尔的人际交往能力一流，他频繁拜访马萨诸塞州和罗得岛州的警察局和消防站，还把足弓支撑器带给百货商店的业务员。经过他的不懈努力，他和他们公司驰名整个新英格兰。

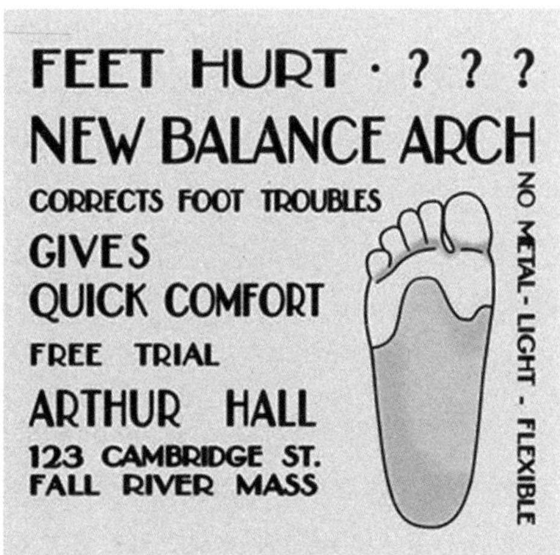

↑ 当时马萨诸塞州的消防员

↗ 霍尔加盟后，New Balance 的广告

霍尔加盟 New Balance 两年后，美国大萧条降临。史无前例的经济社会灾难吞噬了数不清的公司，特别是那些产品售价高昂的公司，但 New Balance 不在其列。霍尔开拓的新市场以及创始人莱利确立的优质产品，是这家公司得以幸存的柱石。商业故事提醒我们：如果产品和服务没有非常显著的特点，流于同质化竞争，那么在毁灭性事件发生时，一切就不妙了。

1936 年，为 New Balance 服务了 9 个年头的霍尔成为公司合伙人。

进军运动鞋领域

蒸蒸日上的 New Balance 要做运动鞋了。1938 年，莱利亲自设计了一款面向专业跑者的钉鞋，鞋面选用了黑色袋鼠皮。新增这项业务源于莱利的好胜心——他想证明自己也能做出最好的运动鞋，并且比其他品牌更舒适、更耐用。

↑ New Balance 生产的第一款跑鞋

为了推广这款鞋，莱利在当地的跑团——波士顿棕袋猎手俱乐部（Boston Brown Bag Harriers）里找到了一个名叫丹尼·麦克布赖德（Danny McBride）的跑者，并说服他买鞋。由此一来，New Balance 的业务进入新市场。没错，New Balance 就不免费赠送。

第二次世界大战前的那段岁月，有些体育用品公司已经学会通过赞助运动队甚至冠名比赛来推销自己了。但 New Balance 不同，起初或许是因为它规模太小花不起钱，而且它一直坚信自身品质卓越；后来就演变为惯例，还喊出了“无人代言”（Endorsed by No One）的口号并长期践行。

此后 3 年，New Balance 在竞技运动领域多方向发展，先后设计并生产了网球鞋、拳击鞋，甚至还为美国职业棒球大联盟（Major League Baseball，简称 MLB）中的波士顿勇士队（后改名为亚特兰大勇士队）制作专业棒球鞋。由于一直坚持做高品质的产品，New Balance 的名声再一次传播开来。不过在此后一段时间内，运动鞋仍然只是这家公司的小生意。

在莱利去世后，公司合伙人霍尔的女儿埃莉诺和女婿保罗·基德（Paul Kidd）于 1953 年买下了这家公司。New Balance 已经创立近半个世纪了，依然是家小作坊式的公司——生产车间在基德夫妇的住宅里，业务重心仍是矫形鞋。

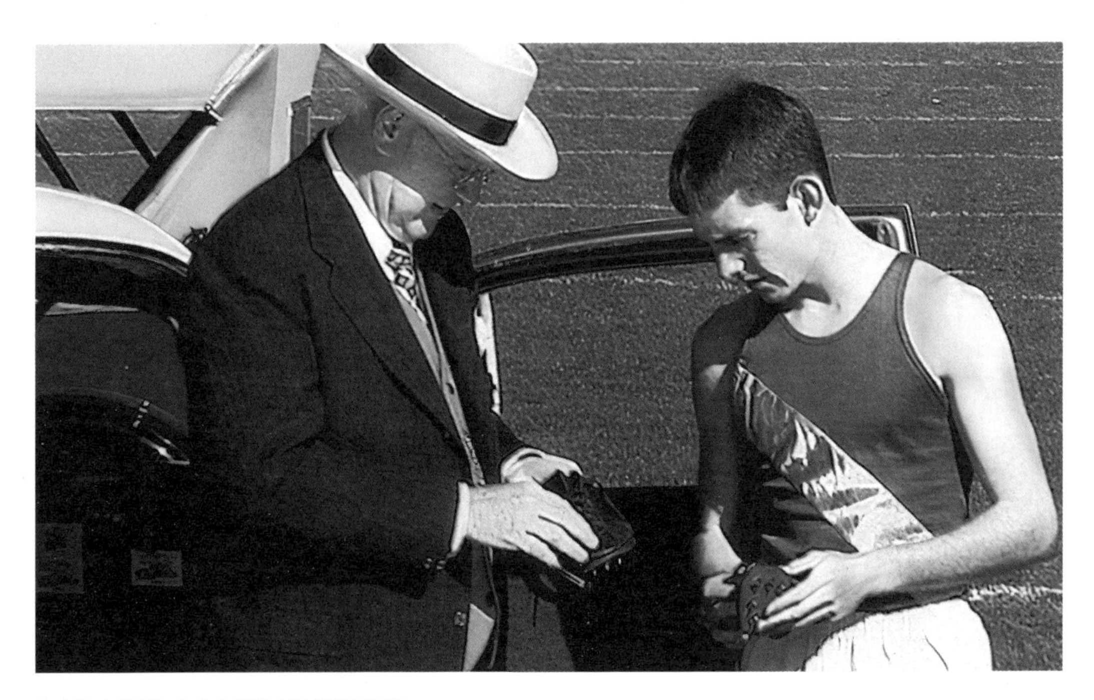

↑ 创始人莱利与麦克布赖德交谈并展示跑鞋

↑ 穿着 New Balance 棒球鞋的波士顿勇士队球员

20 世纪中叶，两个超级大国间开启了太空竞赛。在那个年代，美国人民热衷于谈论科学。为此，1956 年，公司名改成了一个更有科技感的名字：新平衡骨科矫形实验室（New Balance Orthopedic Laboratory）。幸好，这个过于专业的名字使用时间并不长。

New Balance
Orthopedic Laboratory

↑ 使用哥特字体设计的公司名标识

跑步品牌的起点

生产了 22 年运动鞋且还未成为大品牌的 New Balance 迎来了 20 世纪 60 年代。很快，不一样的事情发生了。

1960 年，New Balance 推出了一款名为“Trackster”的运动鞋。这款鞋有两个特点，第一个特点是拥有波纹鞋底，这种鞋底能够确保鞋子在赛场上的抓地力足够强。

第二个特点是同样的鞋码有不同的宽度，这在行业里独树一帜。时至今日，绝大多数厂商出品的运动鞋一个尺码就只有一种宽度，这大大忽略了人类双脚的多样性。New Balance 的专业性再一次展现出来。

Trackster 赋予了运动员更多的选择，因此大受欢迎。新英格兰地区的知名高校，包括麻省理工学院、塔夫茨大学和波士顿大学等高校的田径队都选用了这款鞋，全美各地的其他大学和私立高中也纷纷效仿。

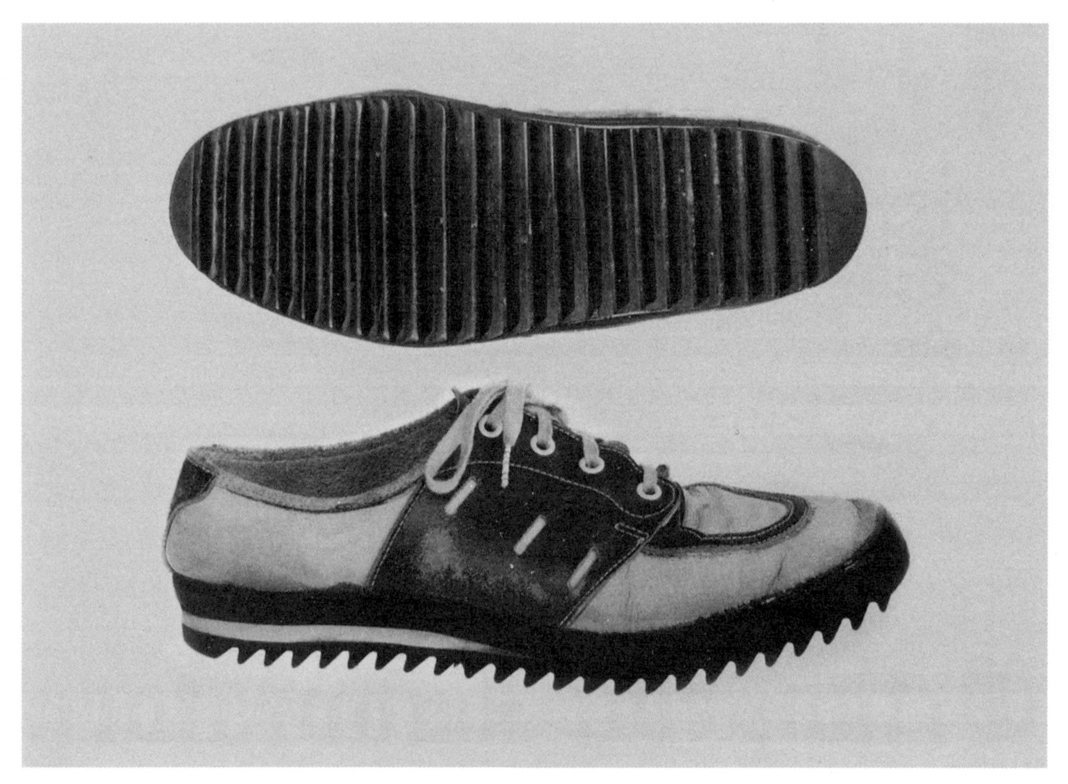

↑ Trackster 鞋样及其标志性的鞋底。“track”是跑道、径赛的意思，而词缀“ster”意为与某物有关的人、具有某种品质的人。这款鞋的名字可以译为径赛运动员或跑者

↑ 当时，New Balance 的市场营销主要靠口口相传或举办地方性体育展销会，销售方面则主要依靠邮购和少数几家零售商

“造鞋应该考虑脚的宽窄。”其他制鞋商难道没想到这一点吗？当然不是。

如果同一尺码做多种宽度，那库存量将呈几何级数增长，这会让销售和库存管理变得非常复杂。所以一直以来，零售商们都偏好为顾客提供简单、直接的购物体验。而且在运动鞋行业历史中，生产与销售基本是分开的，或许只有当年的 Vans 是一个特例。事实上，New Balance 也因此遇到了很多阻力。

好在一直到 20 世纪 70 年代初期，这家公司总共只有 6 个人，各自负责经营、生产、客服、包装、邮购等业务，而生产基地依然在基德夫妇的家里，每日产能在 20 ~ 30 双。这家夫妻店已经成立近 70 年了，相比于后世互联网创业者的发展速度，不是一般的慢热。

但是，一个坚守专业、价值观稳定、小而美的生意养活了多个家庭的几代人，而且包含了大量默会知识的制鞋技巧代代传承，这又有什么不好呢？风口和发展速度都是时代赐予的，而属于 New Balance 的风口马上就要到了。

爱国者和企业家的马拉松

New Balance 自 1906 年创立以来，总部一直设在波士顿，从未搬迁。这座城市有一项深具历史传统的田径比赛，也就是从 1897 年开始每年都会在美国爱国者日举办的波士顿马拉松赛。这个比赛固定在每年 4 月的第三个星期一，以纪念美国独立战争的第一场战役，至今仅在 2020 年因新冠疫情取消过一次。

1972 年的某一天，New Balance 被未满 29 岁的吉姆 · 戴维斯（Jim Davis）收购了。戴维斯的第一份工作是在他父亲的餐厅里端盘子。他大学学的是生物和化学，为的是将来从事医药行业。不过在本科阶段，戴维斯遇到的一位良师发现他具有成为企业家的潜质——特别善于沟通、社交与说服，这是与生俱来的能力。

戴维斯当时还有一位益友叫泰瑞 · 赫克勒（Terry Heckler）。此前一年，赫克勒刚帮一家位于西雅图的微型咖啡公司设计了标识，还给出了独到的命名建议。这家公司就是我们熟识的“星巴克”。

戴维斯刚买下 New Balance 时，曾专门打电话问这位初出茅庐、擅长一并解决名字和标识设计问题的艺术家：“你觉得这个公司名怎么样？”

赫克勒说：“这名字你可别换，它与众不同，底蕴深厚。”

戴维斯说：“你是唯一一个叫我别换名字的人，来我这边干吧。”

由此，New Balance 多了一名风雨同行 40 载的传奇设计师。

↑ 波士顿马拉松赛的标识，耐克公司的第一个全职员工约翰逊就曾被派驻到东海岸这座城市，参与设计过一款名为 TG-4“马拉松”的鬼塚虎跑鞋

→ 吉姆 · 戴维斯 2012 年拍的照片，当时他在加拿大多伦多出席一场 New Balance 890 加拿大限量款的发布会。2021—2022 年，在彭博亿万富翁全球排行榜上，年近八旬的戴维斯拥有 100 亿美元左右的资产，排名浮动在 150 ~ 230 位之间

戴维斯的良师益友没有看错人，基德夫妇也没有，因为戴维斯忠于自莱利时代就稳定下来的企业文化和价值观：不忘初心，提供优质的产品和出色的客户服务，致力于满足不同顾客对鞋子的独特偏好。

1977 年，安妮加入了 New Balance，她后来成为戴维斯的妻子，并出任公司副主席。从 1972 年到今天，New Balance 在戴维斯的带领下走过了半个世纪。与其他著名运动鞋公司不同，这家公司没有上市，戴维斯家族占有约 95% 的股份。戴维斯在这家不上市的私有企业中跑着属于自己的商业马拉松。

积累巨额财富是后话。戴维斯接手公司之后，所做的一切依然与耕耘、播种有关。整个公司充满了一种特立独行的气质，他们从不害怕别树一帜，一直聚焦于鞋子是否极度合脚、性能是否优秀。接手公司后不久，戴维斯就放话：“看到一个鞋子不合脚的跑步者，你就能看到一个失败者。”

20 世纪 70 年代的运动鞋行业马上就要迎来世界大战了，戴维斯在为大气候做准备。在这一时期跑步热潮席卷整个美国，而新英格兰地区则是这股浪潮的最中心。跑步运动在美国被重新定义，被赋予了文化内涵，有了崇高的意义。多达 1/10 的美国人参与其中，这件事情足以载入社会文化史。从近年来在中国一线、二线城市发生的跑步热潮，就可以想象到当初有过之而无不及的情景。

跑步运动的起源在很大程度上和耐克联合创始人比尔 · 鲍尔曼的个人贡献有关。1966 年，鲍尔曼与心脏病专家 W. E. 哈里斯（W.E. Harris）一起出版了一本书，名为《慢跑》(*Jogging*)。这本书的销量超过了 100 万册，激起了一阵大众体育运动的潮流，并改变了“跑步”这个词的内涵。这本书的内容后来有所增补，并在 20 世纪 70 年代多次再版。在这一大背景下，跑鞋成为 New Balance 的核心产品线。

→ 戴维斯所说的那句话被印到了广告海报上，此时 New Balance 的鞋上还没有其标志性的标识

N 的突破

戴维斯展示给设计师赫克勒的第一双鞋是已经年满 12 岁的 Trackster。这款曾经广受专业运动员欢迎的跑鞋，在赫克勒看来有点像“养老院里的阿迪达斯”。

New Balance 确实需要明确自己的风格，在跑步热潮到来之际也需要推出新鞋，依靠出色的品质占据市场。赫克勒参与设计的新鞋试验型号被卖给了著名长跑运动员托马斯 · 弗莱明（Tomas Fleming）。1975 年，他穿着这双鞋，以 2 小时 19 分 27 秒的成绩赢得了纽约马拉松赛的冠军。New Balance 的企业知名度借此进一步提高。

在 1976 年加拿大蒙特利尔奥运会前夕，这款名为 New Balance 320 的专业跑鞋正式发布了。它的官方定位是慢跑运动初学者和奥运会选手的终极训练用鞋。这款鞋的中底由两层厚软垫（softee cushioning）组成，鞋面则是由尼龙加固的皮革材质。

↑ 近年，赫克勒接受采访时拿着一双 Trackster。这款鞋侧面有点像三条纹，配色有点 20 世纪早期流行的休闲皮鞋风格，也就难怪被认为是“养老院里的阿迪达斯”了

↑ 1976 年原始版 New Balance 320。最初发布时的配色是皇家蓝配白边，这也是最经典的配色

← 托马斯·弗莱明（1951.7.23—2017.4.19），曾在 1973 年和 1975 年两次夺得纽约马拉松赛冠军，1978 年获得克利夫兰马拉松赛冠军，1981 年获得洛杉矶马拉松赛冠军。图为 1975 年的比赛现场照片

在视觉外观上，New Balance 320 最突出的特点有三个：鞋头的皮革延伸到鞋面，构成两个条状；鞋底的图案和材料延伸到了鞋跟，以使鞋子具备最大化的缓冲性和横向稳定性；鞋子侧面则有一个延续至今的字母“N”。

当时，跑步运动员和田径教练所创立的耐克是全美跑鞋市场的霸主。在 New Balance 320 的设计过程中，公司同事告诉赫克勒，人们看到“N”后可能会将之与耐克混淆。不过，赫克勒对此表示高兴，因为他知道耐克赚的钱比 New Balance 多得多。这种混淆绝非故意，但很可能会给品牌带来更多的销量和利润。

这款跑鞋性能出众，很快就被专业的跑者杂志《跑者世界》评价为合脚性和舒适性排名第一的跑鞋。

老板戴维斯为推销这款鞋不遗余力。好产品加上卖力的销售，带来的市场反响自然不错。New Balance 因此得以走出小作坊状态。

↑ 这个设计元素里藏着其设计者一点点狡猾的小心思

那时公司标识里的字母 N 上有很多楔形线条，给人一种强烈的速度感。赫克勒的设计思想不断演进，他认为原版设计不够简洁，并最终说服戴维斯将割裂了字母 N 的线条数量从 12 减少到了 5，于是成就了今天我们看到的“NB”标识。

因为在产品、设计、销售等方面的突破，所以 New Balance 320 被视为我们今日所熟知的 New Balance 的起点。

如果说赫克勒的设计经典、令人印象深刻，那么 New Balance 当时的广告创意有更为深远的影响。20 世纪 70 年代中期还远没有今天的球鞋文化，连“把运动鞋穿到运动场外”这种行为也刚出现不久。就在这样的大背景下，New Balance 没有选择运动员，而是选择让一对有嬉皮士味道的老年夫妇作为主角，拍摄了一组广告。

广告人都明白这一点：成功的平面广告，画面语言必须能营造代入感，激发受众的共情力；伟大的平面广告，则要进一步碰撞出新的意义。老年人穿着最新的运动鞋，本来构成了一种强烈的反差，但桀骜的人物气质又与之完美融合。后来研究运动鞋的专家们常说，这组广告表明 New Balance 是为人民服务的，它不仅面向运动员和社会精英，而且打破了人们在鞋子上长久存在的代沟。

← 因为杂志的推荐，这款售价 32 美元（换算到今天相当于 153 美元）的昂贵跑鞋广受好评

↑ 今天的“NB”标识，也被称为“New Balance 五点标识”（“New Balance five point logo”）

↑ 1976 年，戴维斯在展销会上推销自己公司的鞋，并展示了此前一年弗莱明比赛时的照片。
鞋头上两条延伸到鞋面的皮革、侧面的字母 N，以及与今天“NB”标识有所不同的设计，都出自赫克勒

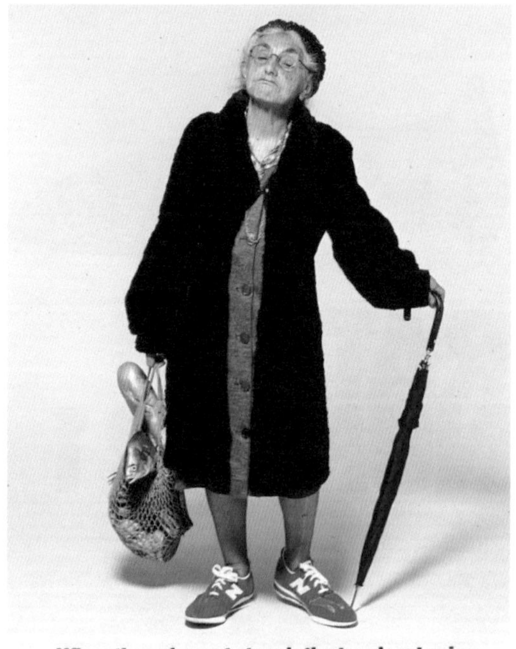

↑ 这组广告被称为“New Balance 夫妇”（Ma and Pa Balance），是广告史上的经典之作。海报上的广告语“When the going gets tough, the tough get going”是美国的一个谚语，起源自 20 世纪 50 年代，意为“越挫越勇”

“数学是体育老师教的”

赫克勒的贡献不仅体现在设计上，也体现在产品的命名上。他说服戴维斯采用了他构想的策略：给运动鞋以单纯的数字编号，而非像其他厂商那样起名。赫克勒的原话是：当每个人都绞尽脑汁想得到一个最酷的名字时，我们只需要通过数字就可以告诉人们，我们所做的才是最酷的事情。

这有点类似于 Vans 的做法，不过 Vans 的每一款鞋后来都有官方认可的绰号。New Balance 有自己的考虑，一方面，它想让消费者对每双运动鞋都有平等的认识，以免在选购时受到名字的影响。另一方面，数字矩阵对应一个逐渐丰富起来的产品目录，能让那些对鞋子的特性有明确认知的专业级消费者一目了然，而他们大概率会认可甚至欣赏这种做法，并带动整个市场；同时，普通消费者通过数字至少能预判出产品的的价格范围。还记得 New Balance 320 的定价吗？32 美元。

后来取代了 New Balance 320 地位的 New Balance 620，就是整个市场上第一款售价超过 50 美元（相当于今天的 170 美元以上）的跑鞋。这款跑鞋采用了网状和绒面革鞋面，是当时全球最轻、最先进的跑鞋。

这套数字系统具有浓重的专业体育味道，也有点儿“数学是体育老师教的”之意味。New Balance 出品的鞋子，确实很难让普通消费者全部记住和区分开。普通消费者唯一可以依赖的识别线索是实物的模样。

↑ 1980 年发布的 New Balance 620

To Indicate What Kind Of Runner You Are, Check One Of These Boxes.

☐ *1. (M676) You either over-pronate or over-supinate. So you need exceptional stability.*

☐ *2. (M576) You break down shoes quickly due to over-pronation/supination, above-average size or off-road use.*

☐ *3. (M595) You're a mid- to high-mileage runner who requires an equal blend of cushioning and stability.*

☐ *4. (M996) You're nearly a twin of Runner 3, but have a greater need for motion control.*

☐ *5. (M830) You train at a faster pace. While you want superior cushioning, your basic motto is "less is more."*

☐ *6. (M495) You love hitting the road, but not "feeling" it. To minimize jarring, you want superior cushioning.*

You're looking at the backbone of the New Balance running shoe *system*. A system designed to match specific features and benefits to your unique style of running. Maybe it's time you checked into a pair.

new balance®

↑ 这种命名方式会有一种《生活大爆炸》中谢尔顿 · 库珀（Sheldon Cooper）给人的过分理性的感觉。这是 1988 年的产品手册，“死理性派”的味道呼之欲出

When everyone
is racking their brains
to find the coolest name,
New Balance can
tell people that what we do is
the coolest thing just by
using numbers.

当每个人都绞尽脑汁
想得到一个最酷的名字时,
我们只需要通过数字
就可以告诉人们,
我们所做的才是最酷的事情。

Terry Heckler 泰瑞·赫克勒

突破 100 美元的 New Balance 990

1980 年一双超过 50 美元的跑鞋就显得很贵了，可两年后出现了价格翻倍的鞋。

New Balance 990 是第一款零售价超过 100 美元的运动鞋（考虑到通货膨胀，这个价格至少相当于如今的 282 美元）。这一年，耐克发布了自己的第一款专业篮球鞋 AF1，这款鞋强烈地冲击了此前阿迪达斯在硬木地板上的霸主地位，而作为同期最昂贵的篮球鞋，AF1 的定价还不到 90 美元。

作为 99X 系列的第一款，New Balance 990 的研发是从 1978 年开始的。在近 4 年的时间里，New Balance 为此投入了极多心血。

运动鞋上惯用的牛皮材质常常会出现褶皱。要避免这一问题，基本只能从材质上想办法，于是 New Balance 选用了猪皮材质的绒面革配合网状透气鞋面。材质和工艺的混搭带来了更强的耐久性和更好的舒适感，专业人士评价猪皮材质的绒面革有一种奶油般的舒适感。

这款鞋的另一大特点在鞋跟处的大块白色位置上，这里是所谓的“运动控制装置”（Motion Control Device，简称 MCD）。它由聚氨酯材料构成，让鞋跟为脚跟部位提供了有力支撑。MCD 极其成功，在 New Balance 高性能跑鞋系列中沿用至今。

New Balance 990 的定价非常自信，但戴维斯等一票高管在销售展望上却很谦虚。他们估计当年能够卖出去 5 000 双。“没有人觉得我们能够卖出 100 美元的鞋子，”戴维斯后来回忆说，“但它真的让人吃惊，它马上就火了。这是一款伟大的鞋。”事实上，这款鞋的销量是预估量的 10 倍不止。

↑ 1982 年经典款 New Balance 990

On a scale of 1000, this shoe is a 990.

In the Spring of 1978, our R&D people came to us with an ambitious proposal:

They wanted to develop *the very best* running shoe they were technically capable of. Regardless of the time it took or the money it cost us to do it.

As it turned out, it took longer than anyone expected. But, then, the New Balance 990 turned out better than any of us dared imagine.

A RUNNING SHOE THAT ACTUALLY APPROACHES THE IDEAL.

Every running shoe manufacturer strives to build into their shoes both flexibility and support. Trouble is, one is usually achieved at the expense of the other.

Slip-lasting results in an upper with the flexibility of a slipper.

The New Balance 990, on the other hand, offers extraordinary flexibility *without* the slightest sacrifice of support.

The 990's upper is constructed just like a slipper. This technique of slip-lasting demands more technical skill than other techniques, but the results are worth it. The shoe fits better, feels better and gives you more flexibility.

The 990 also features a unique new stabilization device—a patented Motion Control Device that cradles your heel for maximum support.

Our patented Motion Control Device is made of strong, yet supple, polyurethane.

NEW FOR 1983: ENHANCED DURABILITY.

When you're paying as much for a running shoe as the 990 costs, you have a right to expect it to wear well.

Tests show that our new Superflex outersole wears nearly 30% better than conventional soling materials. And an innovative carbon rubber heel pad makes the rearfoot exceptionally durable.

WIDTH-SIZING: A NEW BALANCE EXCLUSIVE.

Like every New Balance shoe, the 990 is available in a variety of widths, for a more perfect fit.

As it happens, New Balance is the *only* running shoe company that makes its shoes in different widths. But that shouldn't surprise you.

After all, isn't the 990 proof that we'll go to almost any lengths to achieve perfection?

New Balance Inc.
Boston, MA 02134.

NB
new balance
990

↑ New Balance 990 的海报，海报中讲述了一个产品开发的故事。先讲述了开发时间超出预期，再讲述这款产品殊为不易地兼顾了灵活性和支撑性，然后介绍产品绝对对得起价格——New Balance 完全知晓自己的价格对消费者意味着什么，最后表示这款鞋继承了多种宽度可供选择的优良传统

在 1982 年，如果大街上有人穿着 New Balance 990，就意味着他不是一个狂热的跑步爱好者，就是当时为数不多的运动鞋爱好者，抑或是财务状况不错的人——这些人往往是中年男性，他们与这款鞋因缘际会，使 New Balance 990 有了“爸爸鞋”的绰号。考虑到 1982 年款在收藏界的价格，他们那时的投资是划算的。

贵是 New Balance 的基因。这个品牌总想开发出能卖出最高价格的最好的运动鞋。New Balance 990，或者宽泛而言，整个 99X 系列被太多知名人士、太多日常生活里种种小圈子内有品位的人穿在脚上，而大多数人对 New Balance 的评价是：一款看起来简单朴素的运动鞋，有着灰色绒面革和白色中底，穿上脚就知道做工极佳。

从那时到现在，99X 系列中品质最好的那些鞋子一直是在美国或英国制造的。第一家英国工厂正是 1982 年莱利在新英格兰创业 70 多年后，回到英格兰西北部的弗林比（Flimby）开设的。

If we can make
great athletic shoes
in America,
why can't
our competition?
New Balance is the only company that makes a full line
of athletic shoes here in America.
We've always found quality control is a lot easier when the
factory is in the next room, not the next continent.

← New Balance 一直坚持在人工成本高昂的母国生产鞋子，并为此感到自豪，甚至多次以此“嘲讽”友商

传奇设计师，大厂收割机

New Balance 990 发布时，史蒂夫 · 史密斯（Steven Smith）正在马萨诸塞州艺术与设计学院读大一。他的业余爱好是跑步，他也喜欢这款昂贵的新鞋。

1986 年夏天，史密斯从工业设计专业毕业时，听说 New Balance 有一个新的设计职位，而且他意识到自己的两个爱好可以结合到职业生涯中。于是第二天他就去应聘，并顺利得到了这份工作。

20 世纪 80 年代的 New Balance 当然不再是作坊，但规模也不大。史密斯唯一一个同岗位的同事是凯文 · 布朗（Kevin Brown）。史密斯的第一份正式工作就是接手自己最喜欢的跑鞋产品线，推陈出新。

New Balance 再次发扬了专长。New Balance 990 的继任者是 1986 年的 New Balance 995，刚入职的史密斯参与了设计方案的细节完善工作；New Balance 995 的继任者是 New Balance 996，这款 1988 年发布的跑鞋由史密斯负责从头设计；再往后的继任者 New Balance 997 是史密斯对这个系列的最后贡献——997 于 1990 年发布时，他早就不在这家公司供职了。

← 史蒂夫 · 史密斯近照

我们很快就会了解到，史密斯在 New Balance 工作期间不只负责设计了 99X 系列。不过，他在该公司只待了两年就去了阿迪达斯担任高级设计师，推出了一款造型前卫的高帮鞋阿迪达斯 Artillery。

在阿迪达斯任职一年后，史密斯又被英国企业锐步挖走，担任了 8 年创新设计总监。其间，他负责设计的最有名的运动鞋是 Instapump Fury。这款鞋在各方面都具有显著的创新性——没有鞋带，厚实，风格与众不同。

他的职业生涯当然不会止步于此。从 1997 年开始，他在当时全球第三大运动鞋制造商斐乐（FILA）公司工作了两年，出任创新概念设计及创新经理。他在这家当时还属于意大利的鞋业公司做了几款篮球签名鞋。

后来史密斯加入耐克，负责设计女子运动鞋。他在耐克任职长达 10 年，其间曾设计出的一款作品是 Nike Air Streak Spectrum Plus。英国运动员宝拉·拉德克利夫（Paula Radcliffe）穿着这款鞋在 2003 年打破了女子马拉松和半程马拉松的世界纪录。

↓ 阿迪达斯 Artillery

↑ 灰色的 Instapump Fury

略去一些“小插曲”，最近 5 年来史密斯应邀与侃爷合作。

史密斯这次的头衔是椰子研究所（YEEZY Lab）设计总监，他的作品包括已发布的 YEEZY Boost 700。这位传奇设计师今后还会为全球运动鞋爱好者带来新的惊喜。

史密斯在业界能有如此地位，按照他自己的说法，是因为他有一个奇怪的大脑——一个“工程师和艺术家的杂交体”。

> 这两种人通常不会相处得很好。这是逻辑与艺术的关系，我在画草图的时候会把它们想清楚……这两者是携手并进的。
>
> 我一直认为，鞋子的设计和元素应该自己发声。在一天结束的时候，我总是试图创造一个我自己都想穿的产品。如果设计团队都不喜欢，那怎么能期望客户喜欢呢？

↑ Nike Air Streak Spectrum Plus 是一款使用了 Nike Air 技术的跑鞋。此外，史密斯为耐克设计的作品还包括 Nike Shox Monster 和 Nike Air Spiridon Cage 2

↑ YEEZY Boost 700

← 侃爷与史密斯在 YEEZY 活动现场的视频截图

↓ 史密斯最近几年的设计手稿本

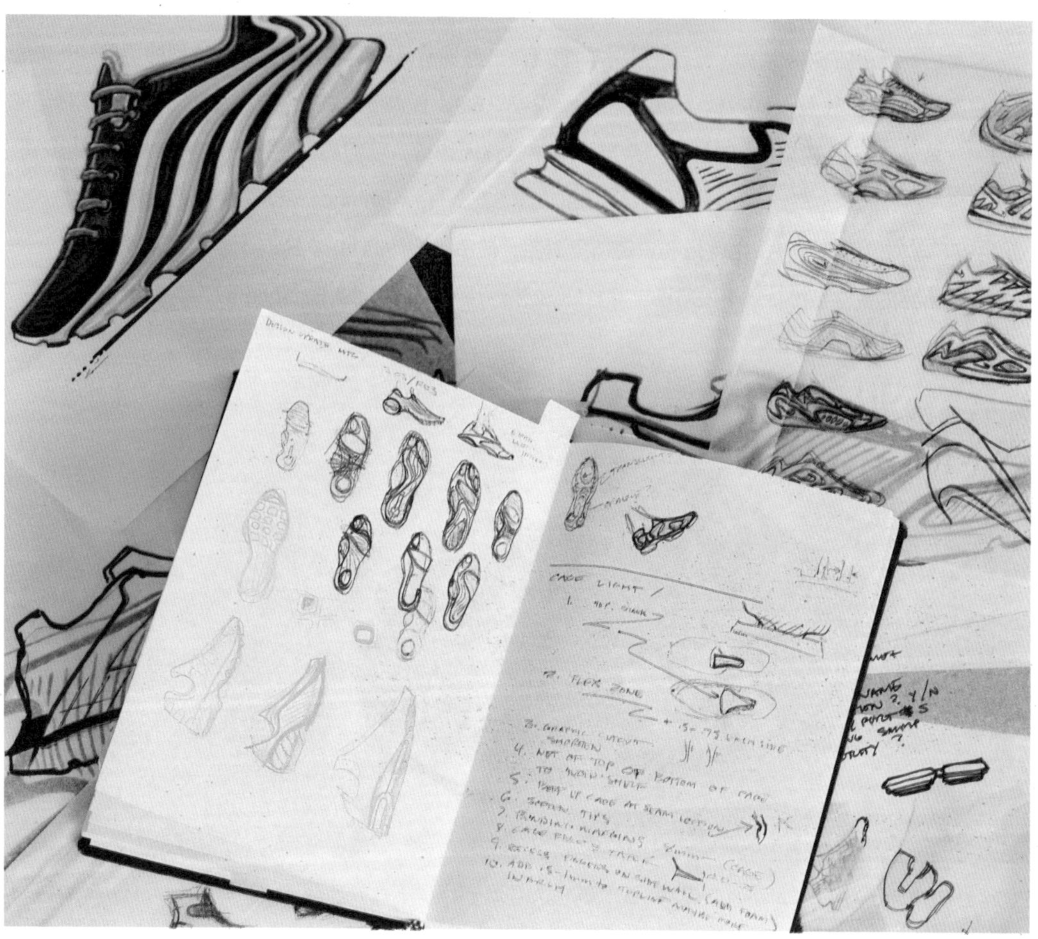

迄今为止，做了 36 年高性能运动鞋设计师的史密斯始终在努力将功能和美学融合到一起。他曾说道：

> 走在街上，看到有人穿着你触摸过或参与创作过的东西，没什么比这更令人谦卑和满足的了。我只是想感谢我看到的每一个人，我也这样做了，我会说“谢谢你欣赏我参与创作的艺术作品”。

New Balance 574：良心中端

史密斯虽然只在 New Balance 工作了 2 年，但相当高产。

昂贵的产品诸如 99X 系列，在市场上占据制高点，展现着品牌硬实力和公司所达到的境界——史密斯为此贡献了 New Balance 995、New Balance 996、New Balance 997。但为了在市场中咬下最肥的一口肉，该公司还是需要做一些面向大众市场的中端休闲跑鞋。它们的利润不一定薄，但显然更多销。史密斯参与设计的 New Balance 840、New Balance 576、New Balance 577 等中端跑鞋就属此类。

1988 年的最后几个月，也就是在史密斯离职后，他负责设计的 New Balance 574 正式发布了——New Balance的数字系统就是不按常理出牌，New Balance 576、New Balance 577 都是在此前发布的。

↑ 20 世纪 90 年代，New Balance 专门为以色列国防军制作过一款黑银配色的 New Balance 577。这款鞋在运动鞋收藏界非常抢手

与 adidas Stan Smith、耐克的 AF1 和匡威的 Chuck Taylor All Star 一样，New Balance 574 也是全能的经典鞋型。其意义在于：凭借这款鞋，New Balance 首次进入了生活方式运动鞋（Lifestyle Sneaker）市场。从矫形工具鞋、专业跑鞋直到生活方式运动鞋，这是一个品牌不断“下凡”的进程。

574 这个数字暗示着它的售价适中。即便到今天，一双 New Balance 574 在美国也不过 80 美元左右，在中国的主流电商网站上售价在 660 元人民币左右。New Balance 574 在成本控制上相比于兄弟款型颇有一套：它的鞋面沿用自 New Balance 576 并更换了材料，大底则来自 New Balance 577；生产交给了在亚洲的代工厂；在宽度上“仅仅”提供三种选择（标准、宽、超宽），比之前的其他款少了一些。

在史密斯的努力下，公司管理层不再固执于标志性的灰色风格，因此 New Balance 574 真正开始变得多姿多彩，这也成了 New Balance 574 最受欢迎的特性。

这款鞋的发布并不大张旗鼓，事实上 New Balance 没为这款鞋安排什么广告预算。但它很快开始通杀各个年龄段和人群，市场的反馈是：在整个 20 世纪 90 年代，New Balance 574 的受欢迎程度不断提高。

↑ New Balance 574 的花样配色

史密斯设计 New Balance 574 的大底时，参考了 BMX 运动中专业自行车的车胎样式。他采用了这种简单的、主要排布在鞋底周边的非对称花纹。这种设计赋予了休闲跑鞋足够的抓地力。

总而言之，这款鞋的大底设计相当成功，极大地降低了意外滑倒的可能性，其无痕橡胶材质也保证了不会给地板留下擦痕。

成本控制得很好，定价就不会高。对消费者来说，New Balance 574 这款鞋还是很良心的。它的中底由 20 世纪 80 年代末最好的两种中底材料混合构成，其中聚氨酯材质硬度较大，而由这种材质的外楔包裹着里面的 EVA 又是一种品质上佳的柔软泡沫材料。这种耐用的框架和柔软的核心，就是 New Balance 的 ENCAP 专利技术，它为跑者提供了优秀的缓冲力和支持力，以帮助他们应对跑步中不断的冲击。

2018 年，New Balance 推出了 New Balance 574 官方复古款，可以称之为 574v2。复古款对这款经典运动鞋做了一点改造，主要集中在鞋头的形态细节上。

不变的是，这款鞋最重仍不超过 255 克。自 New Balance 574 问世以来，各种运动鞋专业评测报告都显示：无论是跑步、健身，还是一整天野外远足，穿着New Balance 574都不会感到不适，这是一款全能休闲跑鞋。New Balance 574 诞生 30 多年了，依然是 New Balance 的销量冠军。

↑ 设计师正在和生产部门的同事们开会，其中正脸面向我们正在微笑的人就是史密斯

↑ New Balance 574 的大底

↑ New Balance 574 俯视图。做足弓支撑器起家的 New Balance 没有丢掉传统手艺，574 配备的是可拆卸鞋垫，如果顾客需要，那可以用定制鞋垫代替它

帮主一生所爱

从史密斯留下 New Balance 997 离职直到 20 世纪的最后几年，New Balance 先后发布了 New Balance 998（1993 年）、New Balance 999（1996 年）、New Balance 990v2（990 的第二代，1998 年）。990v2 上有技术创新，比如引入了用于减震的 ABZORB 中底。ABZORB 是 New Balance 和杜邦公司（DuPont）合作研发的新型减震材料，由专利技术制作而成，它能吸收 99% 以上的地面反作用力，从而避免穿着者的脊椎、膝盖、脚踝等受伤。

但是，这些跑鞋的市场反响相对一般。普通消费者难以发现众多型号在外观上的细微差别。当然也有人不走寻常路，侃爷在 2009 年前后就很喜欢穿 New Balance 998。

← 杜邦公司创立于 1802 年。它在整个 20 世纪一直是首屈一指的材料科技公司，带领人类开启了聚合物革命，开发出不少极为成功的材料。也因此，杜邦公司是所有鞋业公司最重要和最依赖的合作伙伴。2017 年，杜邦公司和陶氏化学公司（DOW Chemical Company）最终合并

← 2009 年 2 月 21 日，穿 New Balance 998 的侃爷在英国伦敦出席 Vivienne Westwood Red Label 时装秀。这场秀是伦敦时装周的一个重要部分

随着21世纪的到来，情况正在逐渐改变。2001年，New Balance 再次展现了在数学上的古怪造诣，为家族最新款编号991。当时有一位著名企业家注意到了这款鞋，他一口气买了数十双。这位企业家无论是出现在公众面前，还是日常上班，都有着异常稳定的装扮，从头到脚分别是这样的：

- 鼻子上架着德国产 Lunor Classic Rund 纯手工眼镜——一款无框甘地式眼镜，外观极简，但看上去极富智慧。
- 手腕上戴着日本精工（Seiko）Chariot 腕表。
- 身着著名设计师三宅一生为其定制的黑色高领套头衫——一共做了100多件，足够他“穿到人生的尽头”。
- 腿上穿着 Levi's 501 石洗直筒牛仔裤，而且是中规中矩的那种蓝色。
- 脚蹬 New Balance 991，而且必须是最经典的灰色绒面革，其他的配色对他来说是多余的。
- 如果要再加点什么的话，那还有黑色的袜子。除此之外，全身装扮不再有其他颜色了。

这位大企业家就是乔布斯。相比于当年阿瑟·霍尔找到的马萨诸塞州消防员，乔布斯的购买习惯更为保守和稳定。穿上 New Balance 991，他就很难离开它了。乔布斯是一个深深折服于自己品味的人，他曾批评微软：

> 微软唯一的问题就是没有品味。

乔布斯本人和他的作品一定要传达出一种标志性的风格——用醒目的视觉元素区分普通大众和异类。

他的一切装扮都不可避免地包含这种“风格”。乔布斯选服饰时往往颇费一番心思，但选定之后，就不会再为此浪费精力了，不会再想“今天/明天/那个场合我要穿什么”这样的问题。长期来看，这是非常聪明的做法。

乔布斯代表了一类重视自身认知资源和认知成本的人。这类人坚信，在自己不会引以为豪的东西上花费哪怕一丁点儿时间，都是一件可怕的事情，好比是在浪费生命。

2001年 New Balance 991 发布时，乔布斯已经回归苹果公司有段时间了。当年苹果公司发布了 Mac OS X，并且正在紧锣密鼓地开发 iMac G4，准备东山再起。

↑ 乔布斯的惯常装扮。2007 年 5 月，乔布斯和比尔 · 盖茨在 D5 峰会（D: All Things Digital，D5）上的合照

对 New Balance 来说，乔布斯是行走的广告牌，而且还是免费的。苹果公司改变世界的产品越来越多，这块活的广告牌的影响力也就越来越大。

2007 年 1 月 9 日，第一代 iPhone 在加利福尼亚州旧金山举办的 Macworld 大会上发布。乔布斯手中是全球顶尖的 3.5 英寸设备——它承载着一个当时绝大多数人都想象不到的崭新时代，但他脚上还是过去的 New Balance 991。

就在 11 个月前，New Balance 992 发布了。New Balance 991 和 New Balance 992 有什么差别？

对于外行和不那么热爱运动鞋且没做过什么研究的人来说，他们几乎发现不了两款鞋的差别。这也是为什么很多有关运动鞋的文章会频繁出错，说乔布斯只穿 New Balance 992，却配上了他穿着 New Balance 991 的图。对于狂热的运动鞋爱好者和运动鞋设计师来说，New Balance 991 和 New Balance 992 的差别很大，两款鞋在外形和技术上都有所不同。New Balance 992 在 2006 年正式推出的时候，New Balance 正好 100 岁。

套用一个我们熟悉的概念，这款鞋算是百年献礼。“公司里的每个人都盯着它，” 992 跑鞋的设计师乔纳森 · 贝肯（Jonathan Bacon）回忆起产品的筹备期时这样说道，“这是一双很重要的鞋。” 所以在鞋跟处，我们可以发现其特殊的年份设计元素。

↑ 2007 年 1 月，第一代 iPhone 发布会上的乔布斯。他的搭配不可能有任何改变，他依然穿着 New Balance 991

贝肯和史密斯有一点很像：后者设计完 New Balance 574 后就离职了，这款鞋发布时他已不在 New Balance；前者 1999 年开始为 New Balance 工作，在 2005 年底离职，而 New Balance 992 于次年发布时，他也已经在锐步工作了。

曾有传言说，New Balance 的老板戴维斯与乔布斯是多年好友，他曾把鞋样拿给乔布斯征询意见，所以最终的鞋型是经过乔布斯本人认可的。

这一传言很难证实，两家公司的相关人士也拒绝透露更多信息。不过主设计师毫无疑问是贝肯。

→ 这款鞋为庆贺 New Balance 百年华诞（1906—2006 年）而生。New Balance 不忘创始人莱利关于制作运动鞋的初心，一直致力于制造出更舒适、更耐用的运动鞋

↓ 贝肯画的 New Balance 992 设计草图

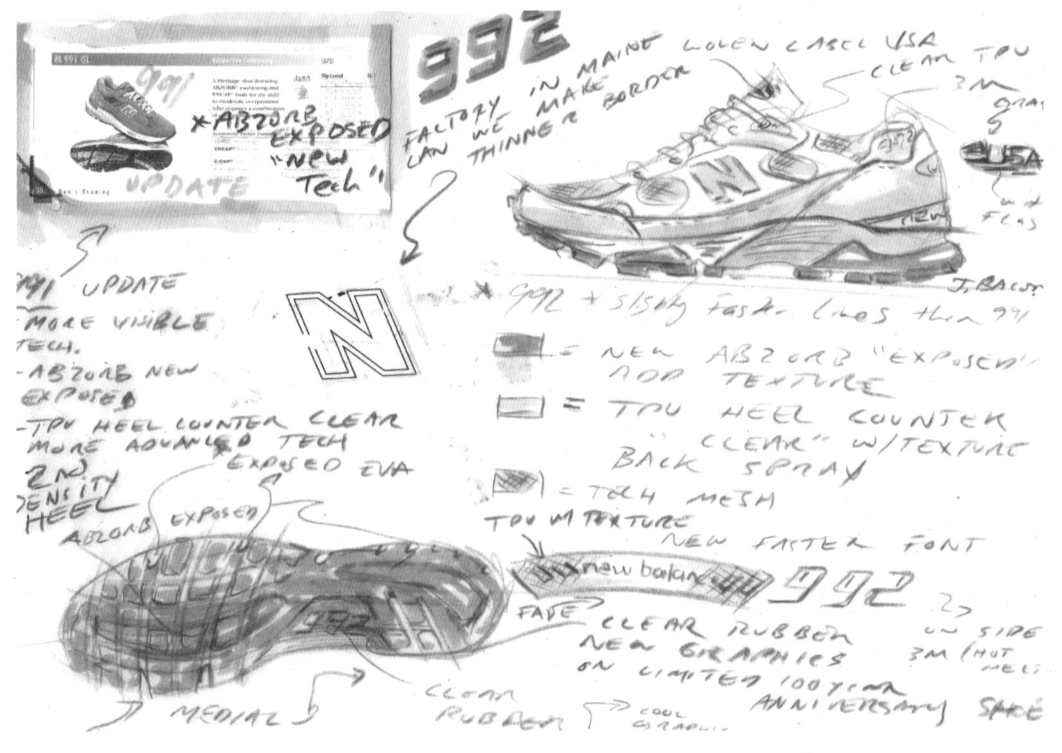

贝肯为这双鞋带来了很多新的技术特性。比如：内底使用 ABZORB 技术，构成了一个弹性良好的鞋垫；中底的脚跟和前脚掌处使用了新的 ABZORB SBS 减震材料，这种材料是 ABZORB 的升级版，像 Nike Air 技术一样，在原本的 ABZORB 材料中充入气体，使其内部有无数个小气孔，进一步提升了鞋子的抗震性能，同时还使鞋子具有良好的抗压性。所以，这一材料的触感就像“Q 弹”的软糖。

贝肯知道这款即将在 2006 年推出的 New Balance 992，基本上只会在美国本土生产，所以在设计中也加入了美国元素。他最初把美国国旗元素放在了鞋子的大底（外底）上，但他很快意识到这样做会被指责，因此将这个元素移动到了鞋舌上。

在美国生产，鞋子质量确实会很好，但价格显然会更贵，鞋款编号上也体现出了这一点。New Balance 992 发布的时候，是 99X 系列中最昂贵的作品。

另外，库存管理难度大也是其定价贵的原因之一。New Balance 为这款鞋带来了总共 78 种不同的尺寸和宽度。行业标准一般不到 30 种，能达到这个数就算很多了。不过，这样一来，世界上的任何人都能选到一双非常合脚的 New Balance 992。

从 2006 年发布到 2010 年停产，这款鞋的产量超过 100 万双。

乔布斯一个人拥有这款鞋近万分之一的市场保有量。说服他穿上 New Balance 992 可不容易。公司在 New Balance 992 上成功了，在 2008 年发布的 New Balance 993 上却未能如愿。乔布斯穿着 New Balance 992 走完了人生旅途，他多次彻底改变人类的现代生活。

↑ 2006 年发布的 New Balance 992 原款鞋

→ 鞋舌上的美国国旗元素

↑ 从 1998 年开始，乔布斯一直都站着开新品发布会，直到在 2010 年 1 月 27 日旧金山 Yerba Buena 艺术中心举行的 iPad 发布会上，他才坐在舒服的 LC3 Grand Confort 沙发上，使用和展示了 iPad。
从照片中可以看到，此时乔帮主（乔布斯的绰号）穿着一双银灰色的 New Balance 992，这是他从 2007 年秋天开始的固定装扮。值得一提的是，这款沙发是设计师勒 · 柯布西耶（Le Corbusier）于 1928 年设计的，外形方正，线条笔直，赤裸裸的镀铬钢框架直接包裹皮垫。这款沙发极为舒适，是家具设计史上的经典

从 New Balance 993 诞生直到现在，New Balance 994 还没有问世。New Balance 或许会在某一天使用这个编号，或许永远也不会。谁知道它的想法呢？

至于 New Balance 992，在停产 10 年后，官方发布了复古鞋。

New Balance 的创意设计经理塞缪尔 · 皮尔斯（Samuel Pearce）对这款鞋进行了微调，主要体现在：鞋带扣少了一个；鞋垫从 ABZORB 材料换成了 Ortholite 品牌鞋垫，触感更加柔软。

↑ 2020 年发布的 992 官方复古款（Retro）

↑ Ortholite 鞋垫产品线，这家公司创立于 1997 年，在鞋垫和内衬材料供应方面已有独霸全球之势

不断迭代的 New Balance 990

在整个 21 世纪 10 年代，99X 系列全靠 New Balance 990 的不断迭代。

New Balance 990 三十周年之际，New Balance 高级设计师安德鲁 · 尼森（Andrew Nyssen）领衔设计的 New Balance 990v3 发布。

尼森扩大了鞋面上的网状面积，把它从性能鞋领域中拉出来，变成了一款更透气的休闲鞋；同时，鞋侧面的“N”标识上打满了横纹；ENCAP 中底技术也有所升级。

其实，今天我们谈起 New Balance 990，往往指的是第三代往后的型号。之前的毕竟太早了，并不容易买到。

New Balance 990 诞生三十周年后，New Balance 为这款鞋制定了独特的策略——每几年就更新一次，属于 New Balance 990 的时代到来了。

2016 年发布的 990v4 和 2019 年发布的 990v5，都是创意设计经理斯科特 · 赫尔（Scot Hull）设计的，他说：

> 只要我们察觉到市场上某代 New Balance 990 已经饱和，消费者在寻找新的高端运动鞋时，我们就会通过更新设计为市场再次注入活力。

↑ New Balance 990v3 侧视图

↑ New Balance 990v4，这个版本中的“N”放大了一点，但更纤细，鞋面更为透气

↑ 赫尔近照

↗ New Balance 990v5 是 990X 系列中最坚固的一款鞋。鞋领左右各加了一片 TPU 强力绑带以提升脚踝处的稳定性，鞋垫则是 Ortholite 的抗菌记忆款

2022 年要发布 New Balance 990v6，其设计师也是赫尔。他没有上过大学，不是设计科班出身。赫尔从装潢工做起，之后设计并建造橱柜和家具，甚至还设计过公交车。因为这段经历，他自称毕业于“艰苦奋斗和真知灼见大学”，结合其经历，这一说法相当令人信服和尊敬。

赫尔在阿迪达斯工作了 5 年，之后为耐克服务了近 15 年，最终于 2012 年底加入 New Balance，工作至今。

国产与政要

史密斯离开 New Balance 时留下的设计稿不仅有 1988 年发布的 New Balance 574，还有 1993 年发布的 New Balance 1500。前者是一款中端休闲运动鞋，为了实现利润最大化，New Balance 像其他企业一样把制造外包到了亚洲，先是在中国，再往后是越南。

New Balance 1500 颇为特殊。它从发布到之后的若干年，主要在美国生产，生产主力是位于马萨诸塞州劳伦斯市（Lawrence）的梅里马克河旁边的工厂。这一地区在 19 世纪时是美国纺织工业重镇，当 New Balance 工厂于 1980 年投入使用时，那里本来已经去工业化了。而今天，所有的 New Balance 1500 都在英国弗林比工厂生产。

↑ New Balance 1500，设计师史密斯

英美制造的 New Balance 是最优品的代称。但为了在劳动力成本毫无优势的新英格兰或英格兰设立工厂并保持竞争力，这家特立独行的公司必须重新调整成本 – 收益曲线。

相比于其他运动鞋业巨头，New Balance 坚持英美制造有一个先天优势，那就是它很少在营销上花钱。还记得“无人代言”的口号吗？虽然从 2009 年开始，New Balance 逐渐尝试找明星代言，但很少给外界留下什么深刻印象，而且它在这方面的财务投入相比于耐克和阿迪达斯还是非常少的。营销上省下来的钱自然成为本土流水线上的弹药。

任何一个接受过基础军事训练的士兵，或者任何一个经历过哪怕一点点商业实践的从业者都知道，始终都要有节约弹药的意识。New Balance 很早就意识到它们无论如何都不可能在本土走“廉价劳动力大规模标准化生产”道路。不仅如此，彻头彻尾的英美制造也不可能实现。全球化带来的分工，使 100% 美国制造越来越难以做到。

因此在 20 世纪 90 年代中期，New Balance 和联邦贸易委员会之间还发生了一场法律纠纷，后者认为那些运动鞋不完全由美国制造，因此不能在税收和政策上享有相应的优惠。事实上，New Balance 在每双运动鞋上最多做到 70% 的美国制造——它不可避免地会用到一些海外供应商，最终在新英格兰组装。不过，New Balance 还是获得了在产品上留下“Made in USA”（美国制造）标记的权利。

21 世纪初，New Balance 仿照丰田生产方式，推出了“New Balance 卓越执行”（New Balance Executional Excellence，简称 NB2E）计划。公司的各层管理人员接受了 100 小时的专项培训。其英美工厂从批量生产模式转变为单元生产；分工模式也从按部门切割变成了 U 形贯通各部门。最终结果是：品质提高的同时，一双像 New Balance 1500 这样的高端运动鞋生产时间从原来的 9 天压缩至仅仅几个小时。

← New Balance 993 鞋舌上的标记

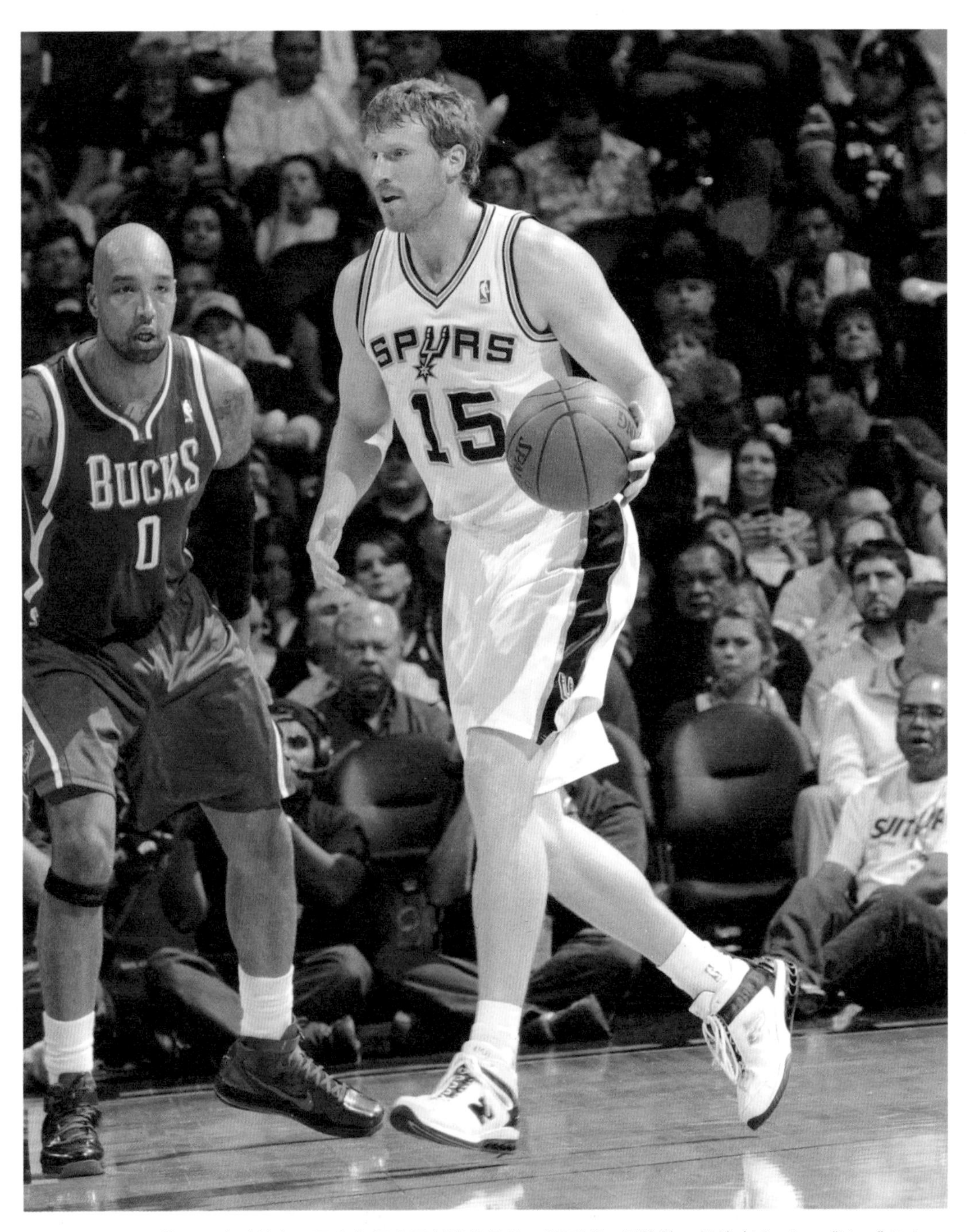

↑ New Balance 签下了当时效力于圣安东尼奥马刺队的马修 · “马特” · 罗伯特 · 邦纳（Matthew "Matt" Robert Bonner），让他代言篮球鞋。照片摄于 2010 年 12 月 15 日，在得克萨斯州圣安东尼奥的 AT&T 中心，邦纳正在与密尔沃基雄鹿队的比赛中运球

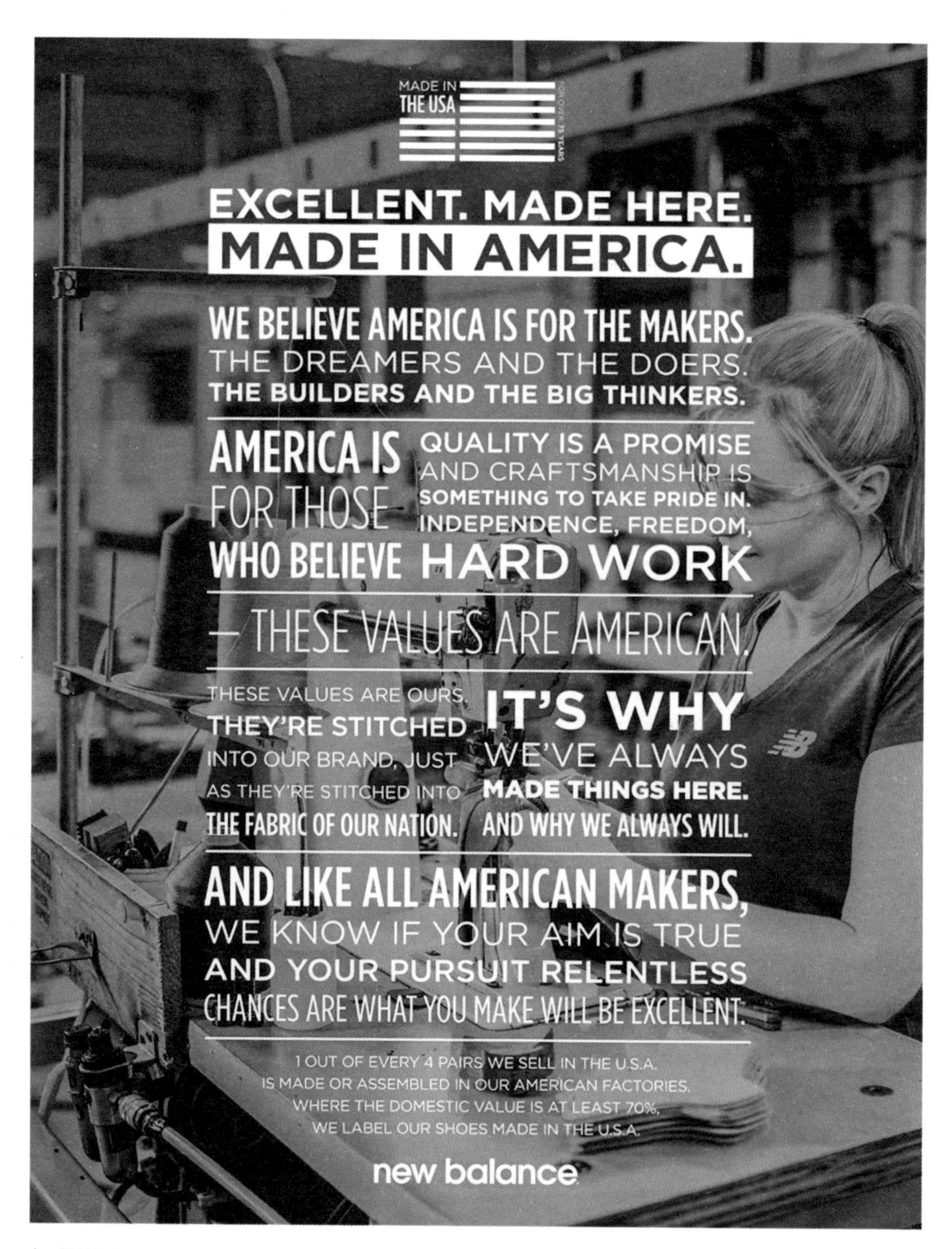

↑ “MADE IN AMERICA”……这是一张充满了爱国主义精神的海报

快速定制在这样的生产条件下才成为可能。Vans 的定制服务平台叫 Vans Customs，而 New Balance 则有 NB1 定制平台。

梅里马克河边的工厂里，226 名员工平均每天能造出 3 200 双鞋，其中不少还是定制款。New Balance 能在收到订单后的 24 小时内发货。这样做库存压力显著缓解，并且还有点“快时尚”的味道——快速满足品味刁钻的消费者的需求，让他们不用再陷入焦急等待中。

坚持美国生产还有一个好处，那就是获得高级别政府官员客户。因为从人民群众朴素的感情出发，美国总统就应该穿美国制造的运动鞋。当年阿瑟 · 霍尔就做起了与官方机构的生意，2G（to Government）也可以说是 New Balance 的基因之一。

在美国历任总统中，比尔 · 克林顿最喜欢的跑鞋是 New Balance 1500；奥巴马则钟情于 New Balance 990，在他即将迎来第二任期的时候，New Balance 专门为他定制了一双鞋。

然而，在举世瞩目的 2016 年美国总统大选期间，坚持在美国国内生产运动鞋的 New Balance 发表官方声明，谴责即将卸任的奥巴马政府对跨太平洋伙伴关系协定（Trans-Pacific Partnership Agreement，简称 TPP）的支持。因为他们认为这一旨在促进贸易自由化的协定，会进一步带走属于美国制造业的机会。但显而易见，生产全部外包的耐克对此十分支持。

→ 1993 年 11 月 17 日早，克林顿穿着印有“NAFTA”标志的衬衫和 New Balance 1500，在美国国会大厦台阶上慢跑。NAFTA 就是北美自由贸易协定（North American Free Trade Agreement）的英文简称。当时，这一协定即将在国会投票表决

↑ New Balance 为奥巴马定制的运动鞋

其实，当时所有的总统候选人都不同程度地表示了对 TPP 的反对。负责公司公关事务的副总裁马特 · 勒布雷顿（Matt LeBretton）在当年 4 月提到：

> 当希拉里·克林顿、伯尼·桑德斯和特朗普达成共识时，那就必须仔细想想。他们都认为 TPP 不是正确的政策。

当然，态度最坚决的候选人是特朗普。作为美国政治与商业的惯常互动方式之一，公司董事长戴维斯向特朗普的一个募款委员会捐赠了近 40 万美元。当特朗普最终出乎媒体预料胜出时，勒布雷顿的评论不可避免地引来了麻烦。他说：

> 奥巴马政府对我们关于贸易的想法充耳不闻，坦率地说，特朗普当选，让我们觉得事情会朝着正确的方向发展。

可想而知，一场抵制运动开始了。好在事情很快就平息了下来。

New Balance，一家成立近 120 年的公司，一直埋头认真做事，几乎从不迎合时代风潮或制造噱头，甚至都没有用华丽或浮夸的方式命名过自己的产品，在长达一个多世纪的时间里始终践行着创始人的价值观：做最好的产品。这值得我们致以崇高的敬意。

制造业赞歌

New Balance 的掌舵者吉姆·戴维斯从他 28 岁那年的爱国者日开始经营这家公司。作为一个白手起家、一件事情坚持做一辈子、用工作获得人生绝大多数价值的大企业家，戴维斯知道制造业及其提供的就业机会对于一个国家的意义，他非常明白这样一段话：

> 效率至上主义者忽略了一个问题：丢工作损失的东西不是仅仅靠钱就能弥补的。
>
> 从事诚实的工作，获得体面的工资，会让人产生自我价值感。这种感觉来自被需要和对社会的贡献。稳定的、有报酬的工作能强化有益的习惯，避免养成陋习……相反，因缺乏稳定、高薪的工作而丧失的人格尊严，是无法通过低价的进口商品或福利支票来弥补的。

但是，对很多国家而言，“本国制造”可能在很长的时间内都不容易实现。能实现者，也未必知道这有多么宝贵。

像运动鞋这样典型的轻工业品，在第二次世界大战后发生了波浪式的产业转移。就像其他很多行业一样，亚洲是制鞋业最重要的生产基地，但主产地也在波浪式演进：

20 世纪五六十年代是日本生产；七八十年代是中国台湾、韩国占据行业优势地位；从 20 世纪 90 年代到 21 世纪的前 10 年，中国成为“世界工厂”；现在，运动鞋的很大一部分产能已经转往东南亚国家，比如越南、印尼、柬埔寨等。

一代代商人在中国大陆的艰辛创业和中国工人的辛勤劳动，才成就了今天“世界工厂”的壮丽景象，成就了走向全球的、价廉物美的好产品。在我们穿着舒适的、满足千奇百怪需求的、人人都买得起的运动鞋，品味着独特且有趣的世界球鞋文化时，请不要忘记，正是被经常肤浅地理解为“落伍”的制造业，为我们创造了富足的生活。

EPILOG

结语　鞋的故事，人的诗篇

运动鞋包裹住人类的双脚，是一个皆大欢喜的故事：消费者告别了摧残肉体和心灵的旧式鞋履，发明家和企业家赚到了大把钞票，“鞋狗”通过献身于热爱的事业也实现了人生价值。2020 年，运动鞋在全球市场是一个规模超过 1 000 亿美元的大生意，就连倒卖二手运动鞋的生意规模，在 2019 年都超过了 60 亿美元。根据美国联合市场研究公司（Allied Market Research）的预测，到 21 世纪 20 年代末，运动鞋市场规模很可能会再增长 70%，接近 1 700 亿美元。

运动鞋产业链的上下游雇用了很多的管理者、职员和海量的生产工人。管理者过着繁忙但是体面的生活；职员怀揣着晋升的希望努力奋斗；在全球各地工厂里劳动的数百万工人（包含大量的女性从业者），很多都是刚刚离开相对原始的经济和农业生活，以当代制鞋业这种对技能要求不高的行业作为切入点，进入了工业经济形态和城镇化生活。更好的日子在向他们招手。

投身任何一项竞技的运动员都能找到对应门类的专业鞋款，去追求更快、更高、更强的体育梦想。在最顶尖的运动鞋上凝结的技术含量是如此的令人生畏，以至于体育界经常感到不安，并时不时产生激烈的争论：每隔一段时间，某项运动的监管组织就会讨论某一款技术先进的鞋是否会为穿着它的运动员带来明显不公平的竞争优势。也许，我们已经很难区分最终登顶奥林匹斯山，究竟是靠人类杰出分子精神与肉体合二为一的激情拼搏，还是依赖实验室和冰冷科学仪器的缜密计算。

运动鞋供应机制异常完善，在任意价格区间内，都有天文数字级别的不同款式型号。对 80 亿人而言，运动鞋是最易得的鞋类。鉴于这个庞大的基数，若要准确形容绝大多数消费者对鞋子技术特性的平均了解程度，恐怕只有“几乎一无所知”的描述才恰当。但这并不重要。因为运动鞋的供应无穷无尽，所以占全球人口大多数的消费能力不强的人群——无论是成人、青少年还是小孩子，都可以穿上它，在各种地方享受那种简单纯粹的快乐。

从 20 世纪初一路走来，运动鞋的功能在不断完善。20 世纪 70 年代开始，运动鞋突破了物质属性的局限，走向文化和精神层面的高地，并逐渐成为每个人彰显自我的重要工具。在体育狂热爱好者那里，它代表着技艺与胜利；在贫民区的非裔美国地下音乐家那里，它代表着叛逆和反抗；在流行文化中，汤姆 · 汉克斯和法拉 · 福西特脚下的阿甘鞋，李小龙的假鬼塚虎和乌玛 · 瑟曼的真鬼塚虎，Jay-Z 永远雪白的 AF1，以及柯本永远脏兮兮的 All Star，都很好地和角色或人设融为一体，代表了他们的某种精神与气质。以“鬼鬼祟祟”“偷偷摸摸”的印象来到世间的运动鞋，在诞生一百多年后，悍然进化为街头时尚风潮中的真正主角。

每一款改变行业面貌的运动鞋在成为传奇的过程中或许都有某种相似的模式。它们诞生于不同的社会和文化背景下，又反过来给所处的社会和文化留下了时代的深刻印记——从满足早期专业运动员的需求，到地下反叛亚文化的星星之火，从融入主流服饰文化再到今日真正的无所不在。极度多元化的运动鞋尊重各种文化，可以符合各流派的审美，能够代表各个阶层的身份，并展现拥有者的兴趣和爱好。

这些 20 世纪经典运动鞋的传奇故事，几乎等同于现代运动鞋的发展史。这是一部由发明家、创业者、推销员、经销商、运动员、流行文化巨星和热爱运动鞋的“鞋狗”等形形色色的人，以及他们所取得的成就共同书写的工业和文明的诗篇。这部发展史不是一个结构简单、情节俗套、仅仅凸显几个核心人物的传统故事，而是每一个表演者和观众都深深参与其中的大时代活剧。从更深远的意义上讲，20 世纪运动鞋的传奇就是一个体现人类精神的伟大故事。

全书终。

REFERENCES
参考文献

文章

1. Molly Isabella Smith. A Brief History of the Converse Chuck Taylor All Star Sneaker. Mr Porter. 2020.6.14.

2. Katya Foreman. Converse Shoes: In the All Star Game. BBC. 2014.10.21.

3. Stephen Albertini. Chuck Taylor's Enduring Legacy: A History of the Converse All Star. Grailed. 2019.6.24.

4. Sam Beltran. How the Converse Chuck Taylor All-Stars Prevailed for more than 100 Years. Esquire. 2019.7.1.

5. Stephen Albertini. The Toe to Know: A History of the adidas Superstar. Grailed. 2019.9.10.

6. Matt Walters. adidas Superstar: How an Icon was Born. GamePlan A. 2020.2.27.

7. Matt Walters. Adolf Dassler: The Creative and Innovative Leader Behind adidas.GamePlan A. 2020.11.2.

8. Gary Warnett. How the Beastie Boys Became Sneakerhead Pioneers. Complex. 2016.11.16.

9. Adam Jane. An Icon of Rebellion: The Converse One Star. Sneakerfreaker. 2016.10.3.

10. Georgia Leitch. The History of the Converse One Star. AllSole. 2018.

11. Gary Warnett. Star Quality: A Brief History of the Converse One Star. Size. 2015.7.14.

12. Malcolm Gladwell. The Coolhunt. NewYorker. 1997.3.17.

13. Bethany Gleave.The History Files: adidas. Footasylum. 2020.10.3.

14. Nick Schonberger. A (Very) Brief Cultural History of the adidas Rod Laver. Complex. 2011.8.10.

15. Julian Ryall. Onitsuka Tiger: How Bruce Lee and Actress Uma Thurman Helped Japanese Sports Shoe Brand Become a Global Fashion Must-have. SCMP. 2019.11.2.

16. Canoeclub. Onitsuka Tiger and the Evolution of Sneakers. Shopcanoeclub.

17. Don Rowe. The Weird and Wonderful History of the Onitsuka Tiger. Barkers. 2017.10.

18. Sneakerfreaker. Which Came First: NIke's Cortez or Onitsuka Tiger's Corsair?.Sneakerfreaker. 2018.10.22.

19. Sneakers Mag.. History Check–45 Years of Nike Cortez. Sneakers Mag.. 2017.6.20.

20. Afonso Pinheiro. The Untold Story about the Nike Cortez Kenny Moore. Cultedge.

21. Joanna Fu. Nike Air Force 1 Designer Reveals How the Sneaker Reached Icon Status. Hypebeast. 2017.10.24.

22. Gary Warnett. The Forgotten History of the White on White Air Force 1, Nike' s Perfect Sneaker. Complex. 2017.1.25.

23. Fred Bierman. The Nike Air Force 1 Sneaker Turns 25 Years Old. New York Times. 2007.12.23.

24. Brendan Dunne. Nike Honors the Retailers Who Saved the Air Force 1. Solecollector. 2015.10.4.

25. Complex. The History of Michael Jordan' s "Banned" Sneakers. Complex. 2020.5.4.

26. Brandon Edler, Russ Bengtson. 23 Things You may not Know about Air Jordans. Complex. 2020.5.1.

27. Joe Rivera. A History of the Air Jordan 1s: How Michael Jordan's First Custom Shoe went from Banned to Billion-dollar Business. The Sporting News. 2020.5.10.

28. Justin Sayles. The Once and Future Sneaker King. The Ringer. 2020.5.4.

29. Drew Hammell. The Complete History of The Nike Air Jordan 1. Highsnobiety. 2019.

30. Nick Engvall. Air Jordan 1 History Lesson. Sneaker History.2019.11.1.

31. Pete Forester. The One that Started It All: A History of the Jordan 1. Grailed. 2017.8.24.

32. Mr Joseph Furness.Sneaker Icon: The Highs and Lows of the Nike Dunk.Mr Porter.2020.11.26.

33. DK Woon.A Brief History of the Nike Dunk.The Face.2019.12.19.

34. Andrea Tuzio. "The Story of Dunk", Nike' s Documentary in 6 Episodes.Collater.Al.2021.

35. Asaf Rotman.A Shoe for Every Subculture: A Brief History of the Nike Dunk. Klekt.2020.08.10.

36. Randy Branding.Beach Packaging Design.2014.1.31.

37. Jonathan Evans.How Vans Became the Shoes Everyone' s Wearing—Again.Esquire.2017.11.16.

38. Jacob Victorine,Asaf Rotman.The Vans Story.Grailed.2021.4.13.

39. The History of Vans:Steve VAN Doren Interview.Sneakerfreaker.2019.08.21.

40. Matthew Broadley.Vans Old Skool, A Brief History.Parade.2019.04.03.

41. Evan Senn.Off the Walls of Greatness: Vans, An Orange County Icon. Irvineweekly.2019.1.12.

42. Matt Welty.50 Things You Didn' t Know about New Balance.Complex.2013.06.13.

43. Brendan Dunne.The Story of the Steve Jobs New Balances.Complex.2020.4.17.

44. Grailed Team.Classic or Trash: New Balance 990s.Grailed.2019.5.22.

45. James Smith.New Balance: Brand History, Philosophy, and Iconic Products.Heddels.2019.7.29.

46. Aaron Kr..A Quick Guide to New Balance Mathematics.Sneakernews.2013.9.26.

47. Christopher Morency.Steven Smith: the Godfather of Sneakers on Footwear' s New Vanguard. Highsnobiety.2021.

48. Designer Scot Hull about His Updates on the New Balance 990V5.Sneakers Mag..2019.5.3.

49. Vinny Tang.Engineering Evolution: The Making of the New Balance 990v4.Sneakerfreaker.2017.2.6.

50. T.S. Fox.New Balance Designer Terry Heckler Sheds Light on the Company's Origins. Hypebeast.2016.3.14.

专著

1. Yuniya Kawamura.*Sneakers: Fashion, Gender, and Subculture*.New York: Bloomsbury Academic, 2016.

2. Complex Media. *Complex Presents: Sneaker of the Year: The Best Since '85*. New york:Harry N. Abrams. 2020.

3. Nicholas Smith. *Kicks: The Great American Story of Sneakers*. [S.l.]: Crown Publications. 2018.

4. Kenny Moore. *Bowerman and the Men of Oregon*. New York: Rodale Books. 2007.

5. Paul Van Doren. *Authentic: A Memoir by the Founder of Vans*. [S.l.]: Vertel Publishing. 2021.

6. Simon Woody Wood. *Sneaker Freaker. The Ultimate Sneaker Book*. [S.l.]: Taschen. 2018.

7. Barbara Smit. *Sneaker Wars: The Enemy Brothers Who Founded Adidas and Puma and the Family Feud That Forever Changed the Business of Sports*. [S.l.]: Ecco. 2009.

8. Alex Newson, Design Museum. *Fifty Sneakers That Changed the World*. [S.l.]: Conran. 2015.

9. Bobbito Garcia. *Where'd You Get Those? 10th Anniversary Edition: New York City's Sneaker Culture: 1960-1987*. [S.l.]: Testify Books. 2016.

10. Elizabeth Semmelhack.*Out of the Box: the Rise of Sneaker Culture*.New York: Rizzoli Electa. 2015.

11. King Adz, Wilma Stone. *This is Not Fashion: Streetwear Past, Present and Future*. London:Thames and Hudson Ltd. 2018.

12. Doug Palladini. *Vans: Off the Wall (50th Anniversary Edition)*. New York: Abrams. 2016.

13. Howie Kahn, Alex French, Rodrigo Corral. *Sneakers*. New York: HarperCollins. 2017.

14. Elizabeth Semmelhack. *Sneakers x Culture: Collab*. New York: Rizzoli Electa. 2019.

15. Stan Smith. *Stan Smith: Some People Think I'm A Shoe*.[S.l.]: Rizzoli.2018.

16. Christian Habermeier, *Sebastian Jäger.The adidas Archive: The Footwear Collection*. [S.l.]: Taschen.2020.

未来，属于终身学习者

我这辈子遇到的聪明人（来自各行各业的聪明人）没有不每天阅读的——没有，一个都没有。巴菲特读书之多，我读书之多，可能会让你感到吃惊。孩子们都笑话我。他们觉得我是一本长了两条腿的书。

——查理·芒格

互联网改变了信息连接的方式；指数型技术在迅速颠覆着现有的商业世界；人工智能已经开始抢占人类的工作岗位……

未来，到底需要什么样的人才？

改变命运唯一的策略是你要变成终身学习者。未来世界将不再需要单一的技能型人才，而是需要具备完善的知识结构、极强逻辑思考力和高感知力的复合型人才。优秀的人往往通过阅读建立足够强大的抽象思维能力，获得异于众人的思考和整合能力。未来，将属于终身学习者！而阅读必定和终身学习形影不离。

很多人读书，追求的是干货，寻求的是立刻行之有效的解决方案。其实这是一种留在舒适区的阅读方法。在这个充满不确定性的年代，答案不会简单地出现在书里，因为生活根本就没有标准确切的答案，你也不能期望过去的经验能解决未来的问题。

而真正的阅读，应该在书中与智者同行思考，借他们的视角看到世界的多元性，提出比答案更重要的好问题，在不确定的时代中领先起跑。

湛庐阅读 App：与最聪明的人共同进化

有人常常把成本支出的焦点放在书价上，把读完一本书当作阅读的终结。其实不然。

时间是读者付出的最大阅读成本

怎么读是读者面临的最大阅读障碍

“读书破万卷”不仅仅在“万”，更重要的是在“破”！

现在，我们构建了全新的“湛庐阅读”App。它将成为你“破万卷”的新居所。在这里：

- 不用考虑读什么，你可以便捷找到纸书、电子书、有声书和各种声音产品；
- 你可以学会怎么读，你将发现集泛读、通读、精读于一体的阅读解决方案；
- 你会与作者、译者、专家、推荐人和阅读教练相遇，他们是优质思想的发源地；
- 你会与优秀的读者和终身学习者为伍，他们对阅读和学习有着持久的热情和源源不绝的内驱力。

下载湛庐阅读 App，
坚持亲自阅读，
有声书、电子书、阅读服务，
一站获得。

CHEERS

本书阅读资料包

给你便捷、高效、全面的阅读体验

本书参考资料

湛庐独家策划

- ✔ 参考文献
  为了环保、节约纸张，部分图书的参考文献以电子版方式提供
- ✔ 主题书单
  编辑精心推荐的延伸阅读书单，助你开启主题式阅读
- ✔ 图片资料
  提供部分图片的高清彩色原版大图，方便保存和分享

相关阅读服务

终身学习者必备

- ✔ 电子书
  便捷、高效，方便检索，易于携带，随时更新
- ✔ 有声书
  保护视力，随时随地，有温度、有情感地听本书
- ✔ 精读班
  2~4周，最懂这本书的人带你读完、读懂、读透这本好书
- ✔ 课　程
  课程权威专家给你开书单，带你快速浏览一个领域的知识概貌
- ✔ 讲　书
  30分钟，大咖给你讲本书，让你挑书不费劲

湛庐编辑为你独家呈现
助你更好获得书里和书外的思想和智慧，请扫码查收！

（阅读资料包的内容因书而异，最终以湛庐阅读App页面为准）

图书在版编目（CIP）数据

22 款传奇球鞋的前世今生 / 黄贺，草威 著. -- 北京：中国财政经济出版社，2022.4

ISBN 978-7-5223-1227-9

Ⅰ. ①2… Ⅱ. ①黄… ②草… Ⅲ. ①运动鞋－介绍－世界 Ⅳ. ①TS943.74

中国版本图书馆 CIP 数据核字（2022）第 039323 号

责任编辑：李昊民　　责任校对：胡永立
封面设计：ablackcover.com　　责任印制：张　健

22 款传奇球鞋的前世今生
22 KUAN CHUANQI QIUXIE DE QIANSHI-JINSHENG

中国财政经济出版社 出版
URL：http://www.cfeph.cn
E-mail:cfeph@cfemg.cn

社址：北京市海淀区阜成路甲 28 号　　邮政编码：100142
营销中心电话：010-88191522
天猫网店：中国财政经济出版社旗舰店
网址：https：//zgczjjcbs.tmall.com
北京盛通印刷股份有限公司印装　　各地新华书店经销
成品尺寸：171.45mm×228.60mm　　16 开　　19.5 印张　　478 000 字
2022 年 4 月第 1 版　　2022 年 4 月北京第 1 次印刷
定价：109.90 元
ISBN 978-7-5223-1227-9
（图书出现印装问题，本社负责调换，电话：010-88190548）
本社图书质量投诉电话：010-88190744
打击盗版举报热线：010-88191661　　QQ：2242791300

SNEAKER
球鞋大事年表

New Balance　匡威　阿迪达斯　鬼塚虎　耐克　Vans

- **1906年** New Balance创立，但那时候他们还没有生产一般意义上的鞋子，主打产品是足弓支撑器。
- **1908年** 47岁的马奎斯·米尔斯·匡威在马萨诸塞州摩尔登创立了匡威橡胶鞋公司。
- **1910年** 匡威公司瞄准运动鞋市场，推出了反响不佳的篮球鞋和成功的网球鞋。
- **1917年** 匡威公司推出了当时世界上性能顶尖的鞋底，以及一款高性能运动鞋——Non-Skid，这被视为美国甚至全球第一款专业篮球鞋。
- **1918年** 鬼塚虎创始人鬼塚喜八郎出生。
- **1921年** 曾是篮球运动员的查克·泰勒加入匡威公司，开始当一名全职旅行推销员。
- **1924年** 7月1日，达斯勒兄弟制鞋厂在德国巴伐利亚州注册成立。

1929年，美国发生经济大萧条。运动鞋和橡胶鞋厂商的经营陷入困境。

- **1932年** 匡威All Star篮球鞋在脚踝处有了一个独特的五角星标识。此外，查克·泰勒的签名也被纳入这款高帮鞋的脚踝贴片上，造就了世界上第一款签名运动鞋。（1936—1968年，查克·泰勒All Star一直是美国队出征奥运会的官方运动鞋。）
- **1936年** 阿瑟·霍尔成为New Balance公司合伙人。

1939年，第二次世界大战爆发。

1945年，第二次世界大战结束，盟国胜利。

1948年	阿道夫·“阿迪”·达斯勒创立了阿迪达斯，鲁道夫·“鲁迪”·达斯勒建立了新品牌彪马。

1949年，全美篮球协会（BAA）和美国篮球联盟（NBL）这两个敌对的篮球协会合并，组成了今日的NBA。

1949年	鬼塚商会成立（公司后来多次改名，如改为鬼塚株式会社）。 8月，阿迪达斯公司注册成立。公司开发了当时顶尖的且最具创造性的旋入式鞋钉。首款应用这项鞋钉技术的鞋是Samba。
1953年	霍尔的女儿埃莉诺和女婿保罗·基德买下了New Balance。
1955年	日本有500家零售店面分销着鬼塚株式会社的产品。
1956年	在墨尔本奥运会期间，鬼塚虎成为日本男篮队的官方用鞋，并且该篮球队以微弱优势从包括美国队在内的小组赛中出线。
1959年	23岁的阿迪达斯创始人之子霍斯特·达斯勒受命去法国负责生产管理和运营业务。

1960年夏天，意大利罗马举办了第17届夏季奥运会。

1960年	鬼塚虎发布了透气性更强的新款跑鞋——Magic Runner。 New Balance推出了一款在行业里独树一帜的运动鞋，名为“Trackster”。
1962年	匡威All Star统治了90%的篮球鞋市场。

1964年10月举办东京奥运会。

1964年	菲尔·奈特及其曾经的长跑教练比尔·鲍尔曼各出500美元，创立蓝带体育公司（耐克公司的前身）。
1965年	阿迪达斯初版Supergrip正式发布。 adidas Robert Haillet发布，这款签名鞋得名自法国网球职业选手罗伯特·艾耶，这是小白鞋的最早起源。

1966年，英格兰队夺得了至今唯一一次世界杯冠军。

1966年	鬼塚虎创始人鬼塚喜八郎决定采用一个类似于汉字“井”的条纹图案（也就是“虎纹”，Tiger Stripes）。首款应用这一传奇性线条的鞋，是Limber Up训练鞋。 鬼塚株式会社推出了“墨西哥产品线”（Mexico Line）。 蓝带体育公司推出了一款中底如同海绵蛋糕般柔软的运动鞋，开启了一场奠定霸业的“独立战争”。 3月16日，（Vans的前身）范多伦公司位于加利福尼亚州阿纳海姆市东百老汇大街704号的第一家零售店面开业了，这家店采用的是前店后厂的模式，其中零售店面面积有近40平方米。

1967年	了加强营销，蓝带体育公司将这款鞋更名为更具墨西哥当地风情的"AZTEC"。
1968年，举办墨西哥城奥运会。	
1968年	● 2月13日，阿迪达斯提起诉讼。AZTEC被迫再次改名，Cortez诞生。（1968—1969赛季，波士顿凯尔特人队穿着阿迪达斯Superstar夺冠。）
1969年	● 查克·泰勒去世。
	● 匡威All Star家族正式推出了一款皮革篮球鞋Leather All Star。
1970年	● 阿迪达斯Supergrip演化为Superstar（也就是贝壳头），这款鞋让篮球鞋的市场格局发生了剧变，曾经的王者——匡威All Star风雨飘摇。
1971年	● 阿迪达斯Supergrip的"换皮"版发布了，取名为"Tournament"，意为"锦标赛"，后来改名为Campus。
	● 蓝带体育公司经销的Cortez和Boston，都被《跑者世界》杂志评为"最佳比赛用鞋"。耐克引入了Swoosh（也就是钩子）标识。
	● 鬼塚株式会社和蓝带体育公司之间维持了7年的合作关系出现了裂痕。
1972年，网球球员们自己组建了职业网球协会（ATP）。 同年8月底，慕尼黑奥运会开幕。	
1972年	● 2月，蓝带体育公司在芝加哥举行的全美体育用品贸易展上推出了Cortez。
	● 5月1日，鬼塚株式会社正式发出通知，它将停止向蓝带体育公司供应任何虎牌运动鞋。
	● 阿迪达斯开始使用三叶草标识。
	● New Balance被未满29岁的吉姆·戴维斯收购了。
1973年	● 当时"网球第一人"斯坦利·罗杰·"斯坦"·史密斯和阿迪达斯签订了合同。次年，阿迪达斯在小白鞋鞋舌上增加了史密斯的肖像。这款鞋名为"adidas Stan Smith"。
1974年	● 匡威Lether All Star迎来了一次小小的升级。外观设计上只剩下一颗孤星。这款鞋成为1976年蒙特利尔奥运会美国代表队的官方用鞋。
1975年	● 匡威Pro Leather All Star发布，使用了由阿迪达斯开创的外底花纹样式，彻底切断了和传统All Star在设计语言上的联系。
	● 范多伦公司的创始人保罗·范多伦结识了当地的三个滑板明星，斯泰西·佩拉尔塔、托尼·阿尔瓦和杰里·瓦尔德斯，为他们免费提供船鞋，以便进入滑板这个新兴的文化社区。
	● 传奇运动员史蒂夫·普雷方丹因车祸去世，年仅24岁。
	● 著名长跑运动员托马斯·弗莱明穿着泰瑞·赫克勒参与设计的新鞋试验型号，以2小时19分27秒的成绩赢得了纽约马拉松赛的冠军。New Blance的企业知名度借此进一步提高。

1976年	总计10万美元。
	● 3月18日，Vans Style 95发售。
	● 加拿大蒙特利尔奥运会前夕，名为New Balance 320 的专业跑鞋正式发布。
1977年	● 鬼塚株式会社与运动服专业厂商 GTO 和针织品制造商 Jelenk 合并，新公司的新名字是亚瑟士（Asics）。
	● NASA前航空工程师弗兰克·鲁迪开发出了一种“气垫”的制作工艺，成功推销给了耐克。
	● 范多伦公司创始人保罗·范多伦的涂鸦出现在了这一年发布的Vans Style 36上。同年Vans Style 98发布，后来这款“一脚蹬”被称为SLIP-ON。
1978年	● 阿道夫·“阿迪”·达斯勒逝世，他作为唯一一个非美籍人士被列入美国体育运动品行业名人堂。
	● 年末，第一款应用 Nike Air 技术的鞋问世了，这是一款名为“Tailwind”的跑鞋。
1980年	● New Balance 620发布。
	1981年，国际小轮车联盟成立。　1982年举办国际小轮车全球锦标赛。
1982年	● 耐克发布了 Air Force 1（简称 AF1）。这是由资深设计师布鲁斯·基尔戈尔设计的第一款篮球鞋，当年正式投产上市时售价89.95美元。
	● New Balance 990 发布，它是第一款零售价超过100美元的运动鞋。
	● Vans OLD SKOOL 在BMX运动中找到了新生。
1983年	● 耐克发布了AF1的低帮款。
1984年	● 10月18日，乔丹在与纽约尼克斯队的一场表演赛中穿着一双红黑配色的鞋子上场。次年2月，NBA执行副总裁拉斯·格拉尼克给耐克公司副总裁斯特拉瑟写了一封信，表示不允许乔丹在球场上穿这双鞋比赛。这件事成了“禁鞋”传说的起源。
	1985年，冷战进入尾声，战争与革命渐渐远离，爱与和平登上舞台。精力旺盛、好斗的年轻人有了更好的出路——踏上硬木地板铺就的篮球场。
1985年	● 4月1日，定价65美元的AJ1正式发售。乔丹在1985年的NBA全明星扣篮大赛中也穿上了Banned。耐克推出了新鞋款“Dunk”（意为灌篮）。这款鞋的发售，彻底改变了球鞋文化。
1986年	● 热爱贝壳头的嘻哈音乐说唱团体Run DMC，推出第三张专辑 *Raising Hell*，其中有首歌叫《我的阿迪达斯》。野兽男孩发布专辑《作恶执照》，并迅速打开知名度。他们喜欢穿阿迪达斯Campus，所以迅速成为这款鞋的代名词。
	● New Balance 990 的继任者New Balance 995发布。

1987年

- 霍斯特·达斯勒去世。
- 阿迪达斯小白鞋售出2 200万双。

1988年

- McCown De Leeuw 风险投资公司以7 400万美元的价格收购了范多伦公司。
- New Balance 996和New Balance 574正式发布。这两款鞋均由史蒂夫·史密斯负责设计。

1990年

- New Balance 997 发布。

1991年

- 11月，潮牌XLARGE 的商店在洛杉矶开张了，它们出售街头服饰和运动鞋，是当时绝对的先锋。
- Vans公司上市。

1993年

- 匡威公司重新推出1974年款 All Star，并正式将之命名为 One Star，开启了运动鞋的复古时代。
- 10月，乔丹突然宣布退役。
- New Balance 1500发布。

1994年

- 11月1日，在 Air Jordan系列已经发布到第10代之际，公牛队在芝加哥联合中心球馆为乔丹和他的23号战袍举办了盛大的退役仪式。
- 4月，地下滑板店Supreme 刚成立，其创始人詹姆斯·杰比亚曾与当时世界上最杰出的街头服饰品牌之一Stüssy 合作过3年。

1995年

- 鬼塚喜八郎回到亚瑟士公司担任会长（董事长），他用了8年时间扭转颓势，而复活的鬼塚虎为此立下了汗马功劳。
- 3月18日，乔丹正式宣布复出。
- Vans 赞助了第一届 Warped Tour 音乐节。

1996年

- Vans与 Supreme 合作推出了一系列 OLD SKOOL，拉开了两个伟大品牌合作的序幕。

1999年

- 鲍尔曼在睡梦中去世，享年88岁。
  1月13日，乔丹再次宣布退役，公牛王朝自此终结。
- 直到这一年，耐克Dunk 的复古才算成功。

2001年

- 1月22日，匡威申请破产；3月30日，匡威在美国的最后一个工厂关闭了，其生产业务完全转移至海外。
- 耐克二度推出复古AJ1，并且有7种配色。
- 为了帮助华盛顿奇才队咸鱼翻身，38岁高龄的乔丹在“9·11”事件后宣布再度复出。
- New Balance 991发布。

	耐克推出了首批4款SB Dunk Low。同年，Supreme联名款也问世了。
2003年	4月16日，40岁的乔丹打了职业生涯的最后一场比赛，当他最后下场时，所有人为他起立鼓掌达3分钟之久。
	耐克以3.05亿美元收购了匡威。
2004年	Vans推出了Vans Customs在线服务。
2005年	“纽约鸽子”发布，总量仅有150双，只在少数门店有售。
2006年	New Balance 992发布，后来成为史蒂夫·乔布斯的最爱和标配。
2007年	鬼塚喜八郎去世。
	4月，AJ1系列有了两款新的复古鞋，分别叫“Old Love”(“旧爱”)和“New Love”(“新欢”)。
2008年	阿迪达斯小白鞋销售额超过6 500万美元。
2011年	阿迪达斯停止了三叶草小白鞋的生产。
2013年	耐克推出了Convers Chuck Taylor All Star '70。
	时尚教父维吉尔·阿布洛创立潮流品牌Off-White，任首席执行官。
2014年	阿迪达斯小白鞋回归市场。
2016年	New Balance 990v4发布，设计师是斯科特·赫尔。
2017年	匡威One Star再次返场。
	Vans与全球最引人注目的时尚教父维吉尔·阿布洛合作，发布了Off-White × OLD SKOOL。
2018年	New Balance推出了574官方复古，可以称之为574v2。
2019年	Jordan品牌有史以来第一次季度收入超过10亿美元，这是一个重要的里程碑。
	New Balance 990v5发布，设计师是斯科特·赫尔。
2020年	10集乔丹纪录片《最后的舞动》上映。
2021年	范多伦公司创始人保罗·范多伦去世。
	时尚教父维吉尔·阿布洛去世。